全国二级建造师执业资格考试辅导用书

水利水电工程管理与实务
应 试 指 导

全国二级建造师执业资格考试辅导用书编写委员会　编写

中国建筑工业出版社

图书在版编目（CIP）数据

水利水电工程管理与实务应试指导 / 全国二级建造
师执业资格考试辅导用书编写委员会编写. — 北京：中
国建筑工业出版社，2022.11
全国二级建造师执业资格考试辅导用书
ISBN 978-7-112-28208-1

Ⅰ. ①水… Ⅱ. ①全… Ⅲ. ①水利水电工程—工程管
理—资格考试—自学参考资料 Ⅳ. ①TV

中国版本图书馆 CIP 数据核字(2022)第 221956 号

责任编辑：李　璇
责任校对：董　楠

全国二级建造师执业资格考试辅导用书
水利水电工程管理与实务应试指导
全国二级建造师执业资格考试辅导用书编写委员会　编写

*

中国建筑工业出版社出版、发行(北京海淀三里河路9号)
各地新华书店、建筑书店经销
北京红光制版公司制版
天津翔远印刷有限公司印刷

*

开本：787 毫米×1092 毫米　1/16　印张：11½　字数：277 千字
2022 年 12 月第一版　　2022 年 12 月第一次印刷
定价：**40.00** 元
ISBN 978-7-112-28208-1
(40650)

前　言

　　全国二级建造师执业资格考试辅导用书系列图书由教学名师编写，是在多年教学和培训的基础上开发出的新体系，能有效帮助考生快速掌握考试内容，特别适合那些没有时间和精力深入系统学习考试用书的考生。

　　本系列图书秉承"极简极不同"的理念，将理论化、系统化和学科化的考试用书进行再加工，去粗（低频考点）取精（高频考点），删繁就简。创新运用图示和表格的形式精心编排一部内容全面而又重点突出的辅导用书，节省了考生进行自我总结和查找各方面资料的时间和精力，真正实现了考生自学也能快速通过考试的目的。考生只要能系统掌握本辅导教材的知识点，决胜考场将成为易如反掌之事。

　　本系列图书以真题为基石，重在应考能力的提升。辅导教材的编写体系遵循如下思路：

　　【考点图谱】对知识点进行概括，运用思维导图绘制考点图谱，帮助考生明晰知识点之间的逻辑关系，形成完备的知识体系。

　　【考点精析】图表结合讲解，考点简明总结。全书创新运用图示和表格的形式，通过数百幅图表简单明了地分析了考试涉及的知识。考点一目了然，省却了考生进行总结的过程，达到事半功倍的复习效果。

　　【考点归纳】为了提升考生的应试能力，尤其是对相关知识的综合掌握能力，全书又编写了综合归纳的部分，将相同、相似、易混的知识点进行归纳总结，图表结合讲解，考点简明总结。

　　本系列图书作为建造师执业资格考试的辅导教材，既源于考试用书，同时又有自身鲜明特色，是对考试用书的整理和总结，是考生考前复习的必备用书。相比较传统意义上的辅导教材，本系列辅导教材更加符合考生的学习规律和考前心理，能帮助考生从模拟试卷的题海中脱离出来，摒弃盲目押题和无凭据的猜题做法，以回归书本的认真态度，严谨细致地编排工作，实现与考生的共同成长。

　　本系列图书的作者都是一线教学和科研人员，有着丰富的教育教学经验，同时与实务界保持着密切的联系，熟知考生的知识背景和基础水平，编排的辅导教材在日常培训中取得了较好的效果。

　　本系列图书在编写过程中，参考了大量的资料，尤其是考试用书和历年真题，限于篇幅恕不一一列示致谢。在编写的过程中，立意较高颇具创新，但由于时间仓促、水平有限，虽经仔细推敲和多次校核，书中难免出现纰漏和瑕疵，敬请广大考生、读者批评和指正。

目　　录

下篇　考　点　归　纳

上篇　考点图谱与考点精析

2F310000　水利水电工程施工技术

2F311000　水利水电工程建筑物及建筑材料

2F311010　水利水电工程建筑物的类型及相关要求

【考点图谱】

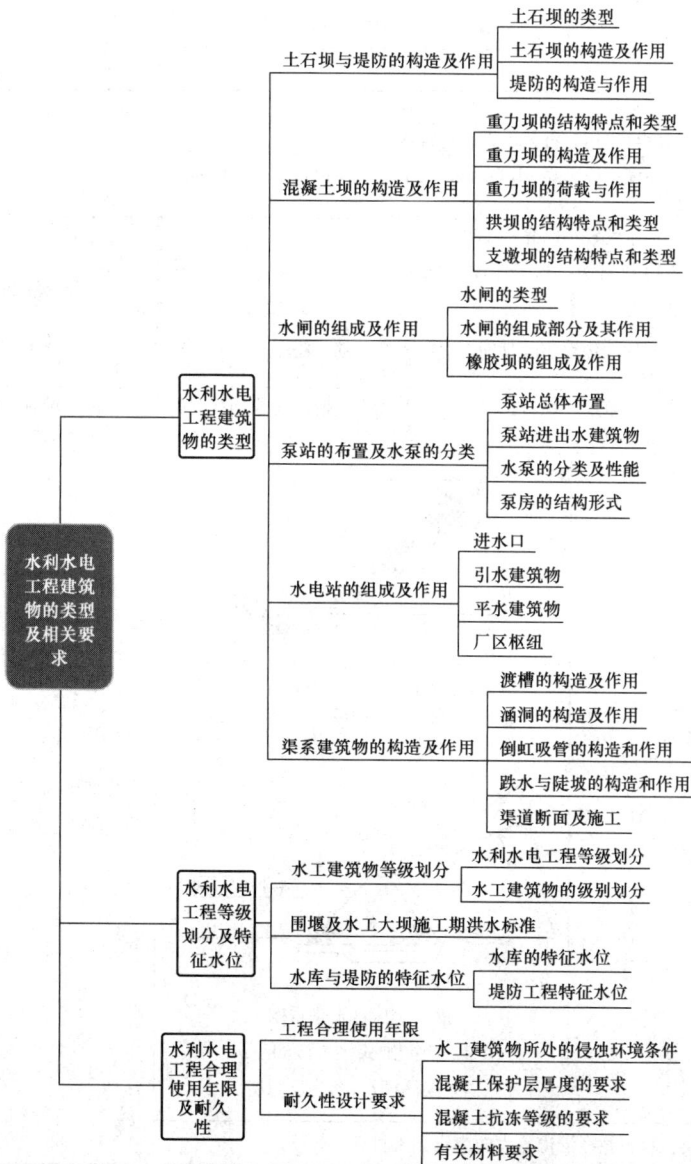

考点1 水利水电工程建筑物的类型

土石坝的类型

序号	划分标准	类型	内容
1	按坝高分类	低坝	高度在30m以下
		中坝	高度在30（含30m）～70m（含70m）之间
		高坝	高度超过70m
2	按施工方法分类	碾压式土石坝	分为均质坝、土质防渗体分区坝、非土质材料防渗体坝
		水力冲填坝	—
		定向爆破堆石坝	—

土石坝的构造、要求及作用

构造	要求	作用
坝顶	坝顶宽度：高坝，10～15m；中、低坝，5～10m	—
	护面：材料可采用碎石、砌石、沥青或混凝土	
	防浪墙：高度一般1.0～1.2m。有防浪墙的坝顶，宜采用仅向下游倾斜的横坡	
防渗体	均质坝：透水性较小的黏性土筑成	（1）减少通过坝体和坝基的渗流量。 （2）降低浸润线，增加下游坝坡的稳定性。 （3）降低渗透坡降，防止渗透变形
	黏性土心墙和斜墙：水平厚度一般不小于3m，以便于机械化施工	
	非土料防渗体：较常用的是沥青混凝土和钢筋混凝土	
护坡与坝坡排水	护坡形式有：草皮、抛石、干砌石、浆砌石、混凝土或钢筋混凝土、沥青混凝土或水泥土	防止波浪淘刷、顺坝水流冲刷、冰冻和其他形式的破坏
坝体排水	排水形式：贴坡排水（构造简单、节省材料、便于维修，但不能降低浸润线）；棱体排水；褥垫排水；管式排水；综合式排水 贴坡排水示意图（单位：m） 1—浸润线；2—护坡；3—反滤层； 4—排水体；5—排水沟 堆石棱体排水示意图 1—下游坝坡；2—浸润线； 3—棱体排水；4—反滤层	降低坝体浸润线及孔隙水压力，防止坝坡土冻胀破坏
	反滤层：材料粒径沿渗流方向由小到大排列	

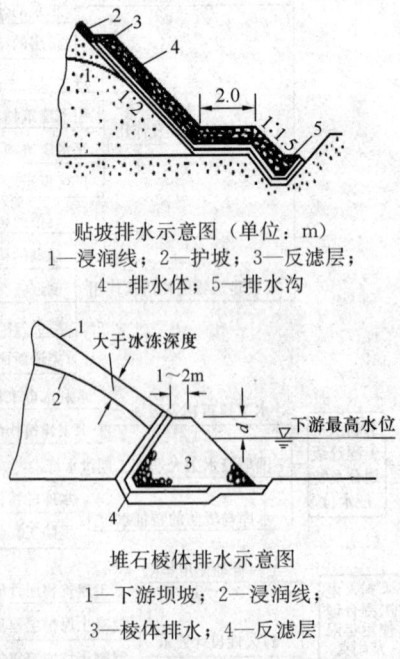

重力坝的类型与构造要求

项目		内容
类型	按坝高分	高坝：坝高大于70m；中坝：30～70m；低坝：小于30m
	按筑坝材料分	混凝土重力坝；浆砌石重力坝
	按泄水条件分	溢流重力坝；非溢流重力坝段
	按坝体结构分	实体重力坝；空腹重力坝；宽缝重力坝
	按施工方法分	浇筑混凝土重力坝；碾压混凝土重力坝
构造要求	分缝与止水	为了满足施工要求，防止由于温度变化和地基不均匀沉降导致坝体裂缝。在坝内需要进行分缝。 横缝：当不均匀沉降较大时，需留缝宽1～2cm，缝间用沥青油毡隔开，缝内须设置专门的止水，临时性横缝缝面设置键槽，埋设灌浆系统。 纵缝：为了保证坝段的整体性，沿缝面应布设灌浆系统。一般进浆管的灌浆压力可控制在0.35～0.45MPa，回浆管的压力可控制在0.2～0.25MPa。 水平施工缝：是新老混凝土的水平结合面。混凝土浇筑前，必须清除老混凝土面浮渣，并凿毛，用压力水冲洗，再铺一层2～3cm的水泥砂浆，然后浇筑
	坝内廊道	基础灌浆廊道：设置在上游坝踵处。 坝体检修和排水廊道：靠近坝体上游面沿高度每隔15～30m设一检查兼作排水用的廊道

重力坝的荷载与作用

序号	荷载与作用	内容
1	自重	重力坝的自重包括重力坝坝体重量及固定设备重量
2	静水压力	静水压力随上、下游水位而定
3	扬压力	扬压力包括上浮力及渗流压力。上浮力是由坝体下游水深产生的浮托力；渗流压力是在上、下游水位差作用下，水流通过基岩节理、裂隙而产生的向上的静水压力
4	动水压力	动水压力的合理作用点可近似地取在反弧中点
5	波浪压力	波浪作用使重力坝承受波浪压力，而波浪压力与波浪要素和坝前水深等有关
6	土压力及泥沙压力	当建筑物背后有填土或淤砂时，随建筑物相对于土体的位移状况，将受到不同的土压力作用。建筑物向前侧移动时，承受主动土压力；向后侧移动时，承受被动土压力；不移动时，承受静止土压力
7	冰压力	冰压力分为静冰压力和动冰压力两种。当气温升高时，冰层膨胀，对建筑物产生的压力称为静冰压力；冰块垂直或接近垂直撞击在坝面时产生的压力称为动冰压力
8	温度作用	坝体混凝土温度变化会产生膨胀或收缩，当变形受到约束时，将会产生温度应力。结构由于温度变化产生的应力、变形、位移等，称为温度作用效应
9	地震作用	地震作用主要包括地震惯性力、地震动水压力、地震动土压力等

拱坝的结构特点和类型

项目		内容
结构特点		拱坝是超静定结构，有较强的超载能力，受温度的变化和坝肩位移的影响较大
类型	定圆心等半径拱坝	圆心的平面位置和外半径都不变的一种拱坝
	等中心角变半径拱坝	拱坝坝面自上而下中心角不变而半径逐渐减小
	变圆心变半径双曲拱坝	圆心的平面位置、外半径和中心角均随高程而变的坝体形式

水闸的类型、组成及作用

项目			内容
类型			(1) 水闸按其所承担的任务分类：进水闸、节制闸、泄水闸、排水闸、挡潮闸等。 (2) 水闸按闸室结构形式分类：开敞式水闸和涵洞式水闸。 当引（泄）水流量较大、渠堤不高时，采用开敞式水闸。 涵洞式水闸主要建在渠堤较高、引水流量较小的渠堤之下，闸室后有洞身段，洞身上面填土
组成	闸室		闸室包括底板、闸墩、闸门、胸墙、工作桥和交通桥等，起挡水和调节水流的作用。 闸墩的作用：分隔闸孔。 工作桥的作用：安装启闭机和供管理人员操作启闭机之用。 胸墙的作用：挡水，以减小闸门的高度
	上游连接段	铺盖	以钢筋混凝土铺盖最为常见。 作用：延长渗径长度以达到防渗目的，应该具有不透水性，同时兼有防冲功能
		护底与护坡	作用：防止水流对渠（河）底及边坡的冲刷
		上游翼墙	作用：改善水流条件、挡土、防冲、防渗。 结构形式及适用情况： (1) 重力式：适用于地基承载力较高、高度在 5～6m 以下的情况，在中小型水闸中应用很广。 (2) 悬臂式：适用于高度在 6～9m、地质条件较好的情况。 (3) 扶壁式：适用于高度在 8～9m 以上、地质条件较好的情况。 (4) 空箱式：适用于高度较高、地质条件较差的情况
	下游连接段	护坦（消力池）	作用：承受高速水流的冲刷、水流脉动压力和底部扬压力
		海漫与防冲槽	作用：继续消除水流余能，调整流速分布，确保下游河床免受有害冲刷
		下游翼墙与护坡	护坡要做到防冲槽尾部

水泵的分类及性能

分类	抽水装置	性能参数
离心泵：按其基本结构、形式特征可分为单级单吸式离心泵、单级双吸式离心泵、多级式离心泵以及自吸式离心泵	启动前泵壳和进水管内必须充满水，充水方式有：真空泵、高位水箱或人工等	叶片泵性能参数包括流量、扬程、功率、效率、允许吸上真空高度或必需汽蚀余量、转速等。 （1）扬程（设计扬程）：指单位重量的水从泵进口到泵出口所增加的能量。 （2）效率（最高效率）：水泵铭牌上的效率是对应于通过设计流量时的效率。 （3）允许吸上真空高度或必需汽蚀余量：确定泵的安装高程
轴流泵：按主轴方向可分为立式泵、卧式泵和斜式泵；按叶片可调节的角度不同可分为固定式、半调节式和全调节式	立式轴流泵叶轮安装在进水池最低水位以下，因此无需充水设备	
混流泵：按结构形式分为蜗壳式和导叶式	—	

考点2 水利水电工程等级划分及特征水位

水利水电工程等级划分

工程等别	工程规模	水库总库容（$10^8 m^3$）	防洪			治涝	灌溉	供水		发电
			保护人口（10^4人）	保护农田面积（10^4亩）	保护区当量经济规模（10^4人）	治涝面积（10^4亩）	灌溉面积（10^4亩）	供水对象重要性	年引水量（$10^8 m^3$）	发电装机容量（MW）
Ⅰ	大（1）型	≥10	≥150	≥500	≥300	≥200	≥150	特别重要	≥10	≥1200
Ⅱ	大（2）型	<10,≥1.0	<150,≥50	<500,≥100	<300,≥100	<200,≥60	<150,≥50	重要	<10,≥3	<1200,≥300
Ⅲ	中型	<1.0,≥0.10	<50,≥20	<100,≥30	<100,≥40	<60,≥15	<50,≥5	比较重要	<3,≥1	<300,≥50
Ⅳ	小（1）型	<0.1,≥0.01	<20,≥5	<30,≥5	<40,≥10	<15,≥3	<5,≥0.5	一般	<1,≥0.3	<50,≥10
Ⅴ	小（2）型	<0.01,≥0.001	<5	<5		<3	<0.5		<0.3	<10

注：1. 水库总库容指水库最高水位以下的静库容；治涝面积指设计治涝面积；灌溉面积指设计灌溉面积；年引水量指供水工程渠道设计年均引（取）水量。

2. 保护区当量经济规模指标仅限于城市保护区；防洪、供水中的多项指标满足1项即可。

3. 按供水对象的重要性确定工程等别时，该工程应为供水对象的主要水源。

永久性水工建筑物级别

工程等别	主要建筑物	次要建筑物	工程等别	主要建筑物	次要建筑物
Ⅰ	1	3	Ⅳ	4	5
Ⅱ	2	3	Ⅴ	5	5
Ⅲ	3	4			

注：水库大坝按上述规定为2级、3级的永久性水工建筑物，如坝高超过上表指标，其级别可提高一级，但洪水标准可不提高。

水库大坝建筑物分级指标

级别	坝型	坝高（m）
2	土石坝	90
	混凝土坝、浆砌石坝	130
3	土石坝	70
	混凝土坝、浆砌石坝	100

注：水库工程中最大高度超过200m的大坝建筑物，其级别应为1级，其设计标准应专门研究论证，并报上级主管部门审查批准。

堤防工程的级别

防洪标准［重现期（年）]	≥100	<100，且≥50	<50，且≥30	<30，且≥20	<20，且≥10
堤防工程的级别	1	2	3	4	5

临时性水工建筑物级别

级别	保护对象	失事后果	使用年限（年）	临时性挡水建筑物规模	
				围堰高度（m）	库容（$10^8 m^3$）
3	有特殊要求的1级永久性水工建筑物	淹没重要城镇、工矿企业、交通干线或推迟工程总工期及第一台（批）机组发电，推迟工程发挥效益，造成重大灾害和损失	>3	>50	>1.0
4	1、2级永久性水工建筑物	淹没一般城镇、工矿企业或影响工程总工期及第一台（批）机组发电，推迟工程发挥效益，造成较大经济损失	≤3，≥1.5	≤50，≥15	≤1.0，≥0.1
5	3、4级永久性水工建筑物	淹没基坑，但对总工期及第一台（批）机组发电影响不大，对工程发挥效益影响不大，经济损失较小的	<1.5	<15	<0.1

临时性水工建筑洪水标准

建筑物结构类型	临时性水工建筑物级别		
	3	4	5
土石结构［重现期（年）]	50～20	20～10	10～5
混凝土、浆砌石结构［重现期（年）]	20～10	10～5	5～3

水库大坝施工期洪水标准

坝型	拦洪库容（$10^8 m^3$）			
	≥10	<10，≥1.0	<1.0，≥0.1	<0.1
土石坝［重现期（年）]	≥200	200～100	100～50	50～20
混凝土坝、浆砌石坝［重现期（年）]	≥100	100～50	50～20	20～10

水库与堤防的特征水位

序号	项目	特征水位	内容
1	水库	校核洪水位	水库遇大坝的校核洪水时在坝前达到的最高水位
		设计洪水位	水库遇大坝的设计洪水时在坝前达到的最高水位
		防洪高水位	水库遇下游保护对象的设计洪水时在坝前达到的最高水位
		正常蓄水位	也称为正常高水位、设计蓄水位、兴利水位。水库在正常运用的情况下，为满足设计的兴利要求在供水期开始时应蓄到的最高水位
		防洪限制水位	也称为汛前限制水位。水库在汛期允许兴利的上限水位，也是水库汛期防洪运用时的起调水位
		死水位	水库在正常运用的情况下，允许消落到的最低水位。它在取水口之上并保证取水口有一定的淹没深度
2	堤防	设防（防汛）水位	开始组织人员防汛的水位
		警戒水位	当水位达到设防水位后继续上升到某一水位时，防洪堤随时可能出险，防汛人员必须迅速开赴防汛前线，准备抢险，这一水位称警戒水位
		保证水位	即堤防的设计洪水位，河道遇堤防的设计洪水时在堤前达到的最高水位

考点3 水利水电工程合理使用年限及耐久性

水利水电工程合理使用年限

水利水电工程及其水工建筑物合理使用年限是指，水利水电工程及其水工建筑物建成投入运行后，在正常运行使用和规定的维修条件下，能按设计功能安全使用的最低要求年限。1级、2级永久性水工建筑物中闸门的合理使用年限应为50年，其他级别的永久性水工建筑中闸门的合理使用年限应为30年。

水利水电工程及其水工建筑物耐久性

建筑物耐久性是指，在设计确定的环境作用和规定的维修、使用条件下，建筑物在合理使用年限内保持其适用性和安全性的能力。

水利水电工程及其水工建筑物耐久性设计应包括下列内容：

（1）明确工程及其水工建筑物的合理使用年限；

（2）确定建筑物所处的环境条件；

（3）提出有利于减轻环境影响的结构构造措施及材料的耐久性要求；

（4）明确钢筋的混凝土保护层厚度、混凝土裂缝控制等要求；

（5）提出结构的防冰冻、防腐蚀等措施；

（6）提出解决水库泥沙淤积的措施；

（7）提出耐久性所需的施工技术要求和施工质量验收要求；

（8）提出正常运用原则和管理过程中需要进行正常维修、检测的要求。

合理使用年限为 50 年的水工结构钢筋混凝土保护层厚度（单位：mm）

项次	构件类别	环境类别				
		一	二	三	四	五
1	板、墙	20	25	30	45	50
2	梁、柱、墩	30	35	45	55	60
3	截面厚度不小于 2.5m 的底板及墩墙	—	40	50	60	65

注：1. 直接与地基接触的结构底层钢筋或无检修条件的结构，保护层厚度应适当增大。
　　2. 有抗冲耐磨要求的结构面层钢筋，保护层厚度应适当增大。
　　3. 混凝土强度等级不低于 C30 且浇筑质量有保证的预制构件或薄板，保护层厚度可按表中数值减小 5mm。
　　4. 钢筋表面涂塑或结构外表面敷设永久性涂料或面层时，保护层厚度可适当减小。
　　5. 严寒和寒冷地区受冰冻的部位，保护层厚度还应符合现行《水工建筑物抗冰冻设计规范》GB/T 50662 的规定。

2F311020　水利水电工程勘察与测量

【考点图谱】

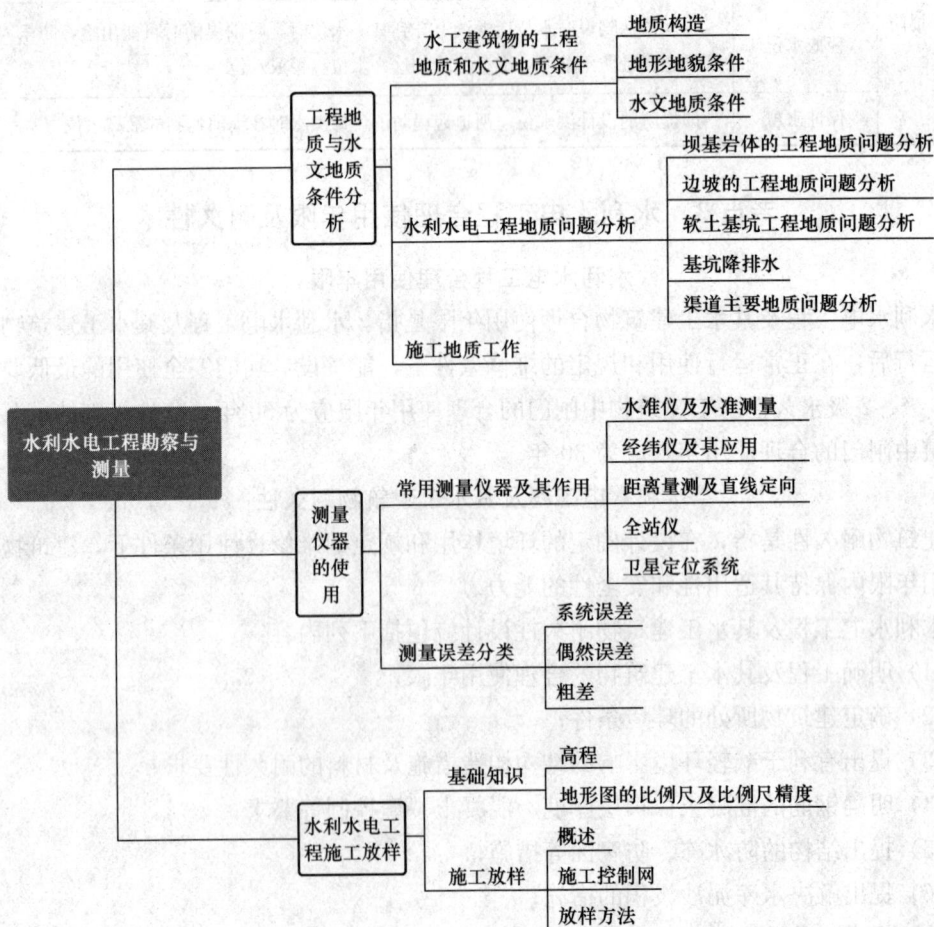

考点1 工程地质与水文地质条件分析

水工建筑物的工程地质和水文地质条件

项目		内容
地质构造	产状	产状有三个要素：走向、倾向和倾角
	褶皱	褶皱是指组成地壳的岩层受水平构造应力作用，使原始为水平产状的岩层产生塑性变形，形成一系列波状弯曲而未丧失其连续性的构造。基本形态有背斜和向斜两种。 褶皱构造使岩层层面的倾斜方向和倾角发生变化，从而改变了岩体的稳定条件和渗漏条件
	断裂	断裂构造可分为节理和断层。 地质断层按断块之间相对错动的方向可划分为正断层、逆断层、平移断层。 岩层的断裂，破坏了岩体的完整性，降低了岩体的稳定性，增大了岩体的透水性，故对水工建筑物产生了不良影响
地形地貌条件	地形	一般指地表形态、高程、地势高低、山脉水系、自然景物、森林植被，以及人工建筑物分布等，常以地形图予以综合反映
	地貌	主要指地表形态的成因、类型，发育程度以及各种起伏状态等，常以地貌图予以反映
	地物	主要指地面上的道路、河流、房屋、桥梁
水文地质条件		（1）地下水位低于水库水位时，可能产生渗漏。 （2）地下水在渗透力的作用下，对地基产生渗透破坏。 （3）地下水渗入可能使有的岩石体积膨胀，产生膨胀压力。 （4）地下水渗入可能使黏土质岩石软化、泥化。 （5）地下水溶蚀可能使可溶性岩石产生空洞。 （6）地基开挖时，地下水的涌入。 （7）具有腐蚀性地下水对混凝土等材料腐蚀作用等

边坡的工程地质条件分析

序号	项目			内容
1	水利水电工程地质问题分析	边坡变形破坏类型	松弛张裂	由于在河谷部位的岩体被冲刷侵蚀掉或人工开挖，使边坡岩体失去约束，应力重新调整分布，从而使岸坡岩体发生向临空面方向的回弹变形及产生近平行于边坡的拉张裂隙现象，又称为边坡卸荷裂隙。裂隙张开是卸荷的主要标志，无明显相对位移
			蠕动变形	指边坡岩（土）体主要在重力作用下向临空方向发生长期缓慢的塑性变形的现象，有表层蠕动和深层蠕动（侧向张裂）两种类型
			崩塌	高陡边坡岩（土）体在重力作用下突然脱离母岩发生倾倒崩落。在坚硬岩体中发生的崩塌也称岩崩，而在土体中发生的则称土崩
			滑坡	边坡岩（土）体主要在重力作用下沿贯通的剪切破坏面发生滑动破坏的现象，称为滑坡
		影响边坡稳定的因素		地形地貌条件的影响；岩土类型和性质的影响；地质构造和岩体结构的影响；水的影响；其他因素包括风化因素、人工挖掘、振动、地震
2	软土基坑工程地质问题分析			软土基坑工程地质问题主要包括两个方面：土质边坡稳定和基坑降排水。 在软土基坑施工中，为防止边坡失稳，保证施工安全，通常采取的措施有：采取合理坡度，设置边坡护面、基坑支护，降低地下水位等

项目		内容
明排法		适用条件： (1) 不易产生流沙、流土、潜蚀、管涌、淘空、塌陷等现象的黏性土、砂土、碎石土的地层。 (2) 基坑地下水位超出基坑底面标高不大于2.0m
人工降水	井点法	适用条件： (1) 黏土、粉质黏土、粉土的地层。 (2) 基坑边坡不稳，易产生流土、流沙、管涌等现象。 (3) 地下水位埋藏小于6.0m，宜用单级真空点井；当大于6.0m时，场地条件有限宜用喷射点井、接力点井；场地条件允许宜用多级点井
	管井法	适用条件： (1) 第四系含水层厚度大于5.0m。 (2) 基岩裂隙和岩溶含水层，厚度可小于5.0m。 (3) 含水层渗透系数 K 宜大于1.0m/d

考点 2　测量仪器的使用

常用测量仪器及其作用

项目		内容
水准测量	水准仪	(1) 步骤：仪器安置与粗略整平→瞄准→精确整平和读数。 (2) 误差来源： ① 仪器误差：包括仪器校正不完善的误差、对光误差、水准尺误差等。 ② 观测误差：包括整平误差、视差、照准误差、估读误差、水准尺竖立不直的误差等。 ③ 外界条件的影响：包括仪器升降的误差、尺垫升降的误差、地球曲率的影响、大气折光的影响等
角度测量	经纬仪	(1) 步骤：仪器对中、整平→测角。 (2) 测角的方法有回测法、全圆测回法。 (3) 误差来源：仪器误差、观测误差（对中、整平、目标偏心、照准、读数等误差）和外界条件的影响等
距离量测及直线定向		距离和方向是确定地面点的位置几何要素。距离量测是要确定地面两点之间的水平距离或倾斜距离。方法有钢（皮）卷尺量距、视距量距、电磁波测距和卫星测距等
全站仪		集自动测距、测角、计算和数据自动记录及传输功能于一体的自动化、数字化及智能化的三维坐标测量与定位系统
卫星定位系统		卫星定位系统是以卫星为基础的无线电导航定位系统，具有在海、陆、空全方位、全天性、连续性和实时性的导航、定位和定时功能，能为用户提供精密的三维坐标、速度和时间

测量误差的分类

序号	类型	内容
1	系统误差	主要是由于使用仪器的不完善及外界条件的变化所产生。可以通过改正以及提高使用者的鉴别能力，尽可能全部或部分消除
2	偶然误差	主要是由于人的感觉器官和仪器的性能受到一定的限制，以及外部条件的影响造成
3	粗差	由于观测者粗心或者受到干扰造成的错误

考点 3 水利水电工程施工放样

高程

地面点到高度起算面的垂直距离称为高程。高度起算面又称高程基准面。通常采用平均海水面代替大地水准面作为高程基准面。我国自 1988 年 1 月 1 日起开始采用 1985 国家高程基准作为高程起算的统一基准。

常见比例尺表示形式

序号	项目	内容
1	数字比例尺	大比例尺：1∶500、1∶1000、1∶2000、1∶5000、1∶10000。 中比例尺：1∶10000、1∶25000、1∶50000、1∶100000。 小比例尺：1∶250000、1∶500000、1∶1000000
2	图示比例尺	最常见的图示比例尺是直线比例尺。 可以表示为：1∶500、1∶1000、1∶2000

施工放样

项目	内容
概念	将设计图纸上工程建筑物的平面位置、形状和高程，用一定的仪器和方法测设到实地上的测量工作称为施工放样
原则	是"由整体到局部""先控制、后碎部"，即由施工控制网测设工程建筑物的主轴线，用以控制工程建筑物的整个位置。根据主轴线来测设工程建筑物细部，保证各部分设计的相对位置。测设细部的精度比测设主轴线的精度高。各细部的精度要求也不一样。各控制点应为同一坐标体系

施工控制网及放样方法

施工控制网	内容	放样方法
平面控制网	平面控制网的建立，可采用全球定位测量（GPS）、三角形网测量和导线测量等方法。 平面控制网宜布设为全球定位系统（GPS）网、三角形网或导线网。GPS 网、三角形网和导线网应按二等、三等、四等、五等划分	根据放样点进度要求、现场作业条件、仪器设备等因素适宜选择。 平面位置放样方法包括：极坐标法、轴线交会法、两点角度前方交会法、测角侧方交会法、单三角形法、测角后方交会法、三点测角前方交会法、测边交会法、边角交会法等
高程控制网	高程控制网是施工测量的高程基准，其等级划分为二等、三等、四等、五等。 高程控制网测量可采用水准测量、光电测距三角高程测量或 GPS 拟合高程测量等方法。布设高程控制网时，首级网应布设成环形网，加密网宜布设成附合路线或结点网	应根据放样点精度要求、现场的作业条件等因素适宜选择。 高程放样方法包括：水准测量法、光电测距三角高程法、GPS-RTK 高程测量法等。对于高程放样中误差不大于 10mm 的部位，应采用水准测量法

2F311030　水利水电工程建筑材料

【考点图谱】

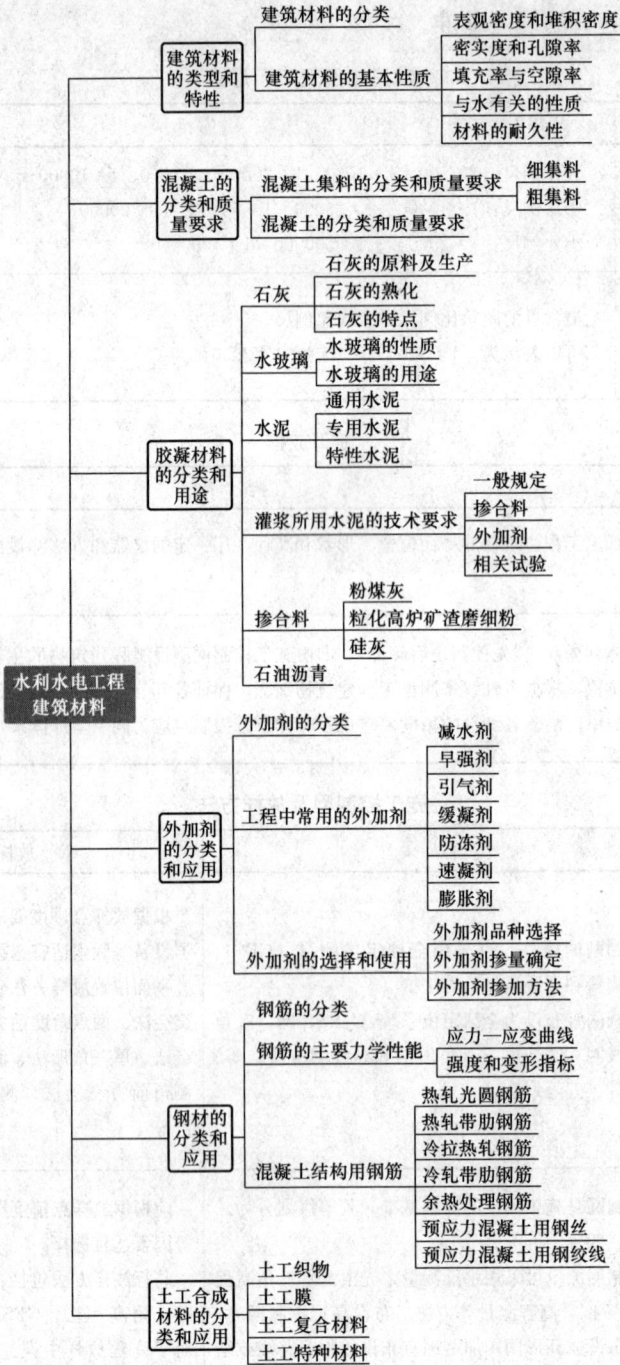

14

考点1　建筑材料的类型和特性

建筑材料的分类

序号	分类标准	类型		内容
1	按材料的化学成分分类	无机材料	金属材料	黑色金属，如合金钢、碳钢、铁等。 有色金属，如铝、锌等及其合金
			非金属材料	天然石材、烧土制品、玻璃及其制品、水泥、石灰、混凝土、砂浆等
		有机材料	植物材料	木材、竹材、植物纤维及其制品等
			合成高分子材料	塑料、涂料、胶粘剂等
			沥青材料	石油沥青及煤沥青、沥青制品
		复合材料	无机非金属材料与有机材料复合	玻璃纤维增强塑料、聚合物混凝土、沥青混凝土、水泥刨花板等
			金属材料与非金属材料复合	钢筋混凝土、钢丝网混凝土、塑铝混凝土等
			其他复合材料	水泥石棉制品、不锈钢包覆钢板、人造大理石、人造花岗岩等
2	按其材料来源分类	天然建筑材料		土料、砂石料、木材等
		人工材料		石灰、水泥、金属材料、土工合成材料、高分子聚合物等
3	按材料功能用途分类	结构材料		混凝土、型钢、木材等
		防水材料		防水砂浆、防水混凝土、紫铜止水片、膨胀水泥防水混凝土等
		胶凝材料		石膏、石灰、水玻璃、水泥、沥青等
		装饰材料		天然石材、建筑陶瓷制品、装饰玻璃制品、装饰砂浆、装饰水泥、塑料制品等
		防护材料		钢材覆面、码头护木等
		隔热保温材料		石棉板、矿渣棉、泡沫混凝土、泡沫玻璃、纤维板等

建筑材料的基本性质

序号	基本性质	内容
1	表观密度和堆积密度	(1) 表观密度是指材料在自然状态下单位体积的质量。 (2) 堆积密度是指粉状、颗粒状或纤维状材料在堆积状态下单位体积的质量
2	密实度和孔隙率	(1) 密实度是指材料体积内被固体物质所充实的程度，其值为材料在绝对密实状态下的体积与在自然状态下的体积的百分比。 (2) 孔隙率是指材料中孔隙体积所占的百分比
3	填充率与空隙率	(1) 填充率是粉状或颗粒状材料在某堆积体积内，被其颗粒填充的程度。 (2) 空隙率是指粉状或颗粒状材料在某堆积体积内，颗粒之间的空隙体积所占的比例

序号	基本性质		内容
4	与水有关的性质	亲水性与憎水性	材料与水接触时,根据其是否能被水润湿,分为亲水性和憎水性材料两大类。亲水性材料包括砖、混凝土等;憎水性材料如沥青等
		吸水性	材料在水中吸收水分的性质称为吸水性
		吸湿性	材料在潮湿的空气中吸收空气中水分的性质称为吸湿性
		耐水性	材料长期在饱和水作用下不被破坏,其强度也不显著降低的性质称为耐水性,但材料因含水会减弱其内部的结合力,因此其强度都会有不同程度的降低
		抗渗性	材料抵抗压力水渗透的性质称为抗渗性(或称不透水性),用渗透系数 K 表示,K 值越大,表示其抗渗性能越差;对于混凝土和砂浆材料,其抗渗性常用抗渗等级 W 表示
		抗冻性	材料在饱和水的作用下,能经受多次冻融循环的作用而不破坏,强度不显著降低,且其质量也不显著减小的性质称为抗冻性
5	材料的耐久性		材料耐久性是一项综合性质,一般包括抗渗性、抗冻性、耐化学腐蚀性、耐磨性、抗老化性等

考点2　混凝土的分类和质量要求

序号	集料	分类	质量要求
1	细集料(砂:粒径在0.15~4.75mm之间)	(1)按其产源不同可分为河砂、湖砂、海砂和山砂。工程一般采用河砂作细集料。 (2)按技术要求分为Ⅰ类、Ⅱ类、Ⅲ类。Ⅰ类宜用于强度等级大于C60的混凝土;Ⅱ类宜用于强度等级为C30~C60及有抗冻、抗渗或其他要求的混凝土;Ⅲ类宜用于强度等级小于C30的混凝土和砂浆配制。 (3)按粗细程度不同可分为粗砂、中砂和细砂	(1)配制混凝土用砂要求洁净,不含杂质,且砂中云母、硫化物、硫酸盐、氯盐和有机杂质等的含量应符合规范规定。 (2)砂的颗粒级配和粗细程度常用筛分析的方法进行测定。砂的粗细程度用细度模数(M_x)表示,M_x 越大,表示砂越粗。M_x 在 3.7~3.1 之间为粗砂,M_x 在 3.0~2.3 之间为中砂,M_x 在 2.2~1.6 之间为细砂,M_x 在 1.5~0.7 之间为特细砂
2	粗集料(石:粒径大于4.75mm)	(1)按卵石产源可分为河卵石、海卵石、山卵石等。 (2)按卵石、碎石的技术要求分为Ⅰ类、Ⅱ类、Ⅲ类。Ⅰ类宜用于强度等级大于C60的混凝土;Ⅱ类宜用于强度等级为C30~C60及抗冻、抗渗或有其他要求的混凝土;Ⅲ类宜用于强度等级小于C30的混凝土	(1)粗集料中常含有一些有害杂质,如黏土、淤泥、细屑、硫酸盐、硫化物和有机杂质。其含量应符合规范规定。 (2)粗集料的颗粒形状及表面特征会影响其对水泥的粘结性和混凝土的和易性。针、片状颗粒含量应符合规范规定。 (3)粗集料的粒径越大,保证一定厚度润滑层所需的水泥浆或砂浆的用量就少,可节省水泥(胶凝材料)用量,故粗集料的最大粒径应在条件许可的情况下,尽量选大些。水工混凝土粗集料的级配分为四种,常用四级配(即包含 5~20mm、20~40mm、40~80mm、80~120(或150)mm 全部四级集料的混凝土)。三级配混凝土指仅包含较小的三级集料的混凝土,二级配指仅包含较小二级集料的混凝土。一级配混凝土指仅包含最小一级集料的混凝土。 (4)具有足够的强度。 (5)集料体积稳定性。 (6)计算普通混凝土配合比时,一般以干燥状态的集料为基准,而大型水利工程常以饱和面干状态的集料为基准

混凝土的分类

序号	分类依据	内容
1	按所用胶凝材料的不同	可分为石膏混凝土、水泥混凝土、沥青混凝土及树脂混凝土等
2	按所用集料的不同	可分为矿渣混凝土、碎石混凝土及卵石混凝土等
3	按表观密度的大小不同	可分为重混凝土（干表观密度大于2800kg/m³）、普通混凝土（干表观密度在2000～2800kg/m³之间）及轻混凝土（干表观密度小于2000kg/m³）。 重混凝土可用作防辐射材料；普通混凝土广泛应用于各种建筑工程中；轻混凝土分为轻骨料混凝土、多孔混凝土及大孔混凝土，常用作保温隔热材料
4	按使用功能的不同	可分为结构混凝土、水工混凝土、道路混凝土及特种混凝土等
5	按施工方法的不同	可分为普通浇筑混凝土、离心成型混凝土、喷射混凝土及泵送混凝土等
6	按配筋情况的不同	可分为素混凝土、钢筋混凝土、纤维混凝土、钢丝混凝土及预应力混凝土等

水泥混凝土的质量要求

项目		质量要求
和易性	指标	和易性：流动性、黏聚性及保水性。一般常用坍落度定量地表示拌合物流动性的大小。 按坍落度大小，将混凝土拌合物分为：低塑性混凝土（坍落度为10～40mm）、塑性混凝土（坍落度为50～90mm）、流动性混凝土（坍落度为100～150mm）、大流动性混凝土（坍落度≥160mm）。 对于干硬性混凝土拌合物（坍落度小于10mm），采用维勃稠度（VB）作为其和易性指标
	影响因素	(1) 水泥浆含量。以使混凝土拌合物达到要求的流动性为准，不应任意加大。 (2) 含砂率。混凝土含砂率是指砂的用量占砂、石总用量（按质量计）的百分数。在水胶比一定的条件下，当混凝土拌合物达到要求的流动性，而且具有良好的黏聚性及保水性时，水泥用量最省的含砂率，即最佳砂率。 (3) 水泥浆稀稠。在水泥品种一定的条件下，水泥浆的稀稠取决于水胶比的大小。当水胶比较小时，水泥浆较稠，拌合物的黏聚性较好，泌水较少，但流动性较小，相反，水胶比较大时，拌合物流动性较大但黏聚性较差，泌水较多。 (4) 水泥品种、掺合料品种及掺量、集料种类、粒形及级配、混凝土外加剂以及混凝土搅拌工艺和环境温度等条件
强度	抗压强度	混凝土强度等级按混凝土立方体抗压强度标准值划分为C15、C20、C25、C30、C35、C40、C45、C50、C55、C60、C65、C70、C75、C80等14个等级。例如，强度等级为C25的混凝土，是指$25MPa \leqslant f_{cu,k} < 30MPa$的混凝土。预应力混凝土结构的混凝土强度等级不小于C30
	抗拉强度	确定混凝土抗裂度的重要指标
	抗弯强度、抗剪强度	
变形		主要有化学收缩、干湿变形、温度变形及荷载作用下的变形等

项目			质量要求
耐久性	指标	抗渗性	(1) 以 28d 龄期的标准试件,按标准试验方法进行试验所能承受的最大水压力 (MPa) 来确定。 (2) 混凝土的抗渗等级划分为 W2、W4、W6、W8、W10、W12 6 个等级,相应表示混凝土抗渗试验时一组 6 个试件中 4 个试件未出现渗水时的最大水压力分别为 0.2MPa、0.4MPa、0.6MPa、0.8MPa、1.0MPa、1.2MPa。 提高混凝土抗渗性能的措施有:提高混凝土的密实度,改善孔隙构造,减少渗水通道;减小水胶比;掺加引气剂;选用适当品种的水泥;注意振捣密实、养护充分
		抗冻性	混凝土的抗冻性以抗冻等级 (F) 表示。抗冻等级按 28d 龄期的试件用快冻试验方法测定,分为 F50、F100、F150、F200、F250、F300、F400 7 个等级,相应表示混凝土抗冻性试验能经受 50、100、150、200、250、300、400 次的冻融循环。 影响混凝土抗冻性能的因素:水泥品种、强度等级、水胶比、集料的品质。 提高混凝土抗冻性最主要的措施有:提高混凝土密实度;减小水胶比;掺外加剂;严格控制施工质量,注意捣实,加强养护
	提高耐久性的主要措施		(1) 严格控制水胶比。 (2) 混凝土所用材料的品质,应符合有关规范的要求。 (3) 合理选择集料级配。 (4) 掺用减水剂及引气剂。 (5) 保证混凝土施工质量

考点 3　胶凝材料的分类和用途

石灰的特点

(1) 可塑性好。
(2) 强度低。
(3) 耐水性差。
(4) 体积收缩大。

石灰、水玻璃用途

项目	用途
石灰的用途	一般不宜单独使用,通常掺入一定量的集料(砂)或纤维材料(纸筋、麻刀等)或水泥以提高抗拉强度,抵抗收缩引起的开裂
水玻璃的用途	(1) 灌浆材料。常用于加固地基,水玻璃和氯化钙溶液交替灌入地基中,两种溶液发生化学反应,析出硅酸胶体,起到胶结和填充土壤空隙的作用,增加了土的密实度和强度。 (2) 涂料。天然石材、混凝土硅酸盐制品等表面涂上一层水玻璃,可提高其防水性和抗风化性;用水玻璃涂刷钢筋混凝土中的钢筋,可起到一定的阻锈作用。 (3) 防水剂。水玻璃还可以与多种矾配制成防水剂,用于防水砂浆和防水混凝土。 (4) 耐酸材料。水玻璃与促硬剂、耐酸粉、耐酸集料配合可制得耐酸砂浆和耐酸混凝土,对于硫酸、盐酸、硝酸等无机酸具有较好的耐腐蚀能力,常用于防腐工程。 (5) 耐热材料。利用水玻璃的耐热性可制得耐热砂浆和耐热混凝土。 (6) 粘合剂。液体水玻璃、粒化高炉矿渣、砂和氟硅酸钠按一定的比例配合可制得水玻璃矿渣砂浆,用于块材裂缝的修补、轻型内墙的粘结等

水泥

序号	水泥类型	内容	
1	通用水泥	根据《通用硅酸盐水泥》GB 175—2007，通用硅酸盐水泥按混合材料的品种和掺量分为硅酸盐水泥、普通硅酸盐水泥、矿渣硅酸盐水泥、火山灰质硅酸盐水泥、粉煤灰硅酸盐水泥和复合硅酸盐水泥	
2	专用水泥	有专门用途的水泥。 （1）大坝水泥包括中热和低热水泥，适用于大坝工程及大型构筑物等大体积混凝土工程。 （2）低热微膨胀水泥适用于要求低热和补偿收缩的混凝土、大体积混凝土、要求抗渗和抗硫酸盐侵蚀的工程	
3	特性水泥	（1）快硬硅酸盐水泥是指以硅酸盐水泥熟料和适量石膏磨细制成，以 3d 抗压强度表示强度等级的水硬性胶凝材料，简称快硬水泥。快硬水泥初凝不得早于45min，终凝不得迟于10h。 （2）快凝快硬硅酸盐水泥初凝不得早于10min，终凝不得迟于60min。主要用于紧急抢修工程，以及冬期施工、堵漏等工程。 （3）抗硫酸盐硅酸盐水泥是指以硅酸钙为主的特定矿物组成的熟料，加入适量石膏，磨细制成的具有一定抗硫酸盐侵蚀性能的水硬性胶凝材料。适用于受硫酸盐侵蚀的海港、水利、地下隧涵等工程。 （4）铝酸盐水泥主要用途有：配制不定形耐火材料；配制膨胀水泥、自应力水泥、化学建材的添加料等；抢建、抢修、抗硫酸盐侵蚀和冬期施工等特殊需要的工程。使用铝酸盐水泥时应注意以下事项： 1）在施工过程中，为防止凝结时间失控，一般不得与硅酸盐水泥、石灰等能析出氢氧化钙的胶凝物质混合，使用前拌合设备等必须冲洗干净。 2）不得用于接触碱性溶液的工程。 3）铝酸盐水泥水化热集中于早期释放，从硬化开始应立即浇水养护。一般不宜浇筑大体积混凝土。 4）铝酸盐水泥混凝土后期强度下降较大，应按最低稳定强度计算。 5）若用蒸汽养护加速混凝土硬化时，养护温度不得高于50℃。 6）用于钢筋混凝土时，钢筋保护层的厚度不得小于60mm。 7）未经试验，不得加入任何外加物。 8）不得与未硬化的硅酸盐水泥混凝土接触使用；可以与具有脱模强度的硅酸盐水泥混凝土接触使用，但接茬处不应长期处于潮湿状态	选用及其技术指标应遵循下列规定： （1）大体积混凝土宜选用中热硅酸盐水泥或低热硅酸盐水泥。 （2）环境水对混凝土有硫酸盐腐蚀性时，宜选用抗硫酸盐硅酸盐水泥。 （3）受海水、盐雾作用的混凝土，宜选用矿渣硅酸盐水泥。 （4）选用的水泥强度等级与混凝土强度等级相适应。 （5）根据工程的特殊需要，可对水泥的化学成分、矿物组成、细度等指标提出专门要求

灌浆所用水泥的技术要求

项目		内容
一般规定		通常可采用硅酸盐水泥、普通硅酸盐或复合硅酸盐水泥；当有抗侵蚀或其他要求时，应使用特种水泥
掺合料	砂	质地坚硬的天然砂或人工砂，粒径不宜大于 1.5mm
	膨润土或黏性土	黏性土的塑性指数不宜小于 14，黏粒（粒径小于 0.005mm）含量不宜小于 25%，含砂量不宜大于 5%，有机物含量不宜大于 3%
	粉煤灰	品质指标应符合《水工混凝土掺用粉煤灰技术规范》DL/T 5055—2007 的规定
	水玻璃	模数宜为 2.4～3.0，浓度宜为 30～45 波美度
外加剂	速凝剂	水玻璃、氯化钙等
	减水剂	木质素磺酸盐类减水剂、萘系高效减水剂、聚羧酸类高效减水剂等
	稳定剂	膨润土及其他高塑性黏土等

水工混凝土掺合料

序号	类别	对混凝土性能的影响
1	粉煤灰	（1）工作性。粉煤灰可改善混凝土拌合物的工作性能。掺入粉煤灰可延长混凝土的可操作时间，减少混凝土的用水量，减少泌水和离析。 （2）节省水泥。同时掺入粉煤灰和高效减水剂，可使得拌合物的浆体数量增大，等量取代 10%～15%水泥。 （3）强度。掺入粉煤灰可明显提高混凝土的强度。掺入一定量粉煤灰对于强度的提高与增加等量水泥的效果相比较，以前者更加明显。掺入粉煤灰混凝土的早期强度略低，但以后各龄期的强度均较对比混凝土有明显提高。 （4）水化热。用粉煤灰取代等量或超量的水泥，可有效降低混凝土的水化热，粉煤灰的缓凝作用也可降低混凝土的水化热温升。 （5）耐久性。粉煤灰细度高、比表面积大，掺入混凝土中可减少其空隙，可提高其抗渗性和抗化学腐蚀的能力，降低干缩变形
2	粒化高炉矿渣粉	（1）改善混凝土的流动性。 （2）提高混凝土的强度。 （3）改善混凝土的耐久性
3	硅灰	（1）显著提高混凝土的强度。 （2）提高耐久性

考点 4　外加剂的分类和应用

常用混凝土外加剂的应用

项目		应用
改善混凝土拌合物流动性能	减水剂	改善混凝土拌合物的泌水、离析现象，延缓混凝土拌合物的凝结时间，减慢水泥水化放热速度和配制特种混凝土
	引气剂	可用于抗渗混凝土、抗冻混凝土、抗硫酸侵蚀混凝土、泌水严重的混凝土、轻混凝土以及对饰面有要求的混凝土。 使混凝土的某些性能得到明显的改善或改变：改善混凝土拌合物的和易性，显著提高混凝土的抗渗性、抗冻性，但混凝土强度略有降低

项目		应用
调节混凝土凝结时间、硬化性能	缓凝剂	主要适用于大体积混凝土、炎热气候下施工的混凝土,以及需长时间停放或长距离运输的混凝土
	早强剂	可促进水泥的水化和硬化进程,加快施工进度,提高模板周转率。 特别适用于冬期施工或紧急抢修工程
改善混凝土其他性能	防冻剂	防冻剂是指在规定温度下,能显著降低混凝土的冰点,使混凝土液相不冻结或仅部分冻结,以保证水泥的水化作用,并在一定的时间内获得预期强度的外加剂。 用于负温条件下施工的混凝土
	速凝剂	主要用于矿山井巷、铁路隧道、引水涵洞、地下工程。 能使混凝土迅速凝结硬化
	膨胀剂	提高混凝土的抗渗性和抗裂性

选择和使用外加剂的注意事项

项目	内容
品种选择	应根据工程需要和现场的材料条件,参考有关资料并通过试验确定
掺量确定	混凝土外加剂均有适宜掺量,掺量过小,往往达不到预期效果;掺量过大,则会影响混凝土质量,甚至造成质量事故,应通过试验试配确定最佳掺量
掺加方法	(1) 不能直接加入混凝土搅拌机内。 (2) 对于可溶水的外加剂,应先配成一定浓度的水溶液,随水加入搅拌机。 (3) 对不溶于水的外加剂,应与适量水泥或砂混合均匀后加入搅拌机内。 (4) 减水剂有同掺法、后掺法、分次掺入三种方法

考点5 钢材的分类和应用

钢筋的分类

序号	划分标准	类型
1	按化学成分	(1) 碳素结构钢。低碳钢(含碳量小于0.25%);中碳钢(含碳量0.25%~0.60%);高碳钢(含碳量0.60%~1.40%)。 (2) 普通低合金钢(合金元素总含量小于5%)
2	按生产加工工艺分	可分为热轧钢筋、热处理钢筋、冷拉钢筋和冷轧钢筋四类
3	按轧制外形分	可分为光圆钢筋、带肋钢筋、冷轧扭钢筋、钢丝及钢绞线
4	按力学性能分	有物理屈服点的钢筋:包括热轧钢筋和冷拉热轧钢筋。 无物理屈服点的钢筋:包括钢丝和热处理钢筋

混凝土结构用钢材

序号	钢材	内容
1	热轧光圆钢筋	热轧光圆钢筋牌号HPB300,牌号中HPB代表热轧光圆钢筋,牌号中的数字300表示热轧钢筋的屈服强度特征值为300级

序号	钢材		内容
2	热轧带肋钢筋	普通热轧带肋钢筋	是按热轧状态交货的钢筋，有 HRB400、HRB500、HRB600 、HRB400E、HRB500E 五个牌号。牌号中 HRB 代表热轧带肋钢筋，牌号中的数字 400、500、600 表示热轧钢筋的屈服强度特征值分别为 400 级、500 级、600 级
		细晶粒热轧带肋钢筋	有 HRBF400、HRBF500、HRBF400E、HRBF500E 四个牌号
3	冷拉热轧钢筋		冷拉Ⅰ级钢筋适用于非预应力受拉钢筋，冷拉Ⅱ、Ⅲ、Ⅳ级钢筋强度较高，可用做预应力混凝土结构的预应力筋。由于冷拉钢筋的塑性、韧性较差，易发生脆断，因此，冷拉钢筋不宜用于负温度、受冲击或重复荷载作用的结构
4	冷轧带肋钢筋	类型	冷轧带肋钢筋（CRB）、高延性冷轧带肋钢筋（CRB＋抗拉强度特征值＋H），C、R、B、H 分别为冷轧、带肋、钢筋、高延性四个词的英文首位字母
		牌号	冷轧带肋钢筋分为 CRB550、CRB650、CRB800、CRB600H、CRB680H、CRB800H 六个牌号
		选用	CRB550、CRB600H 为普通钢筋混凝土用钢筋，CRB650、CRB800、CRB800H 为预应力混凝土用钢筋，CRB680H 既可作为普通混凝土用钢筋，也可作为预应力混凝土用钢筋
5	余热处理钢筋		余热处理钢筋按屈服强度特征值分为 400 级、500 级，按用途分为可焊和非可焊。牌号包括：RRB400、RRB500、RRB400W 三种，RRB 为余热处理钢筋的英文缩写，W 为焊接的英文缩写
6	预应力混凝土用钢丝		预应力钢丝按加工状态分为冷拉钢丝及消除应力钢丝（低松弛钢丝）两种，代号分别为 WCD 和 WLR；按外形分为光圆钢丝、刻痕钢丝、螺旋肋钢丝三种
7	预应力混凝土用钢绞线		结构代号分别为：用两根钢丝捻制的钢绞线（1×2）、用三根钢丝捻制的钢绞线（1×3）、用三根刻痕钢丝捻制的钢绞线（1×3Ⅰ）、用七根钢丝捻制的钢绞线（1×7）、用六根刻痕钢丝和一根光圆中心钢丝捻制的钢绞线（1×7Ⅰ）、用七根钢丝捻制又经模拔的钢绞线（1×7）C、用十九根钢丝捻制的 1＋9＋9 西鲁式钢绞线（1×19S）、用十九根钢丝捻制的 1＋6＋6/6 瓦林吞式钢绞线（1×19W）

考点6　土工合成材料的分类和应用

土工合成材料的分类和应用

序号	土工合成材料	应用
1	土工织物（土工布）	由聚合物纤维制成的透水性土工合成材料
2	土工膜	是透水性极低的土工合成材料。 按制作方法不同，可分为现场制作和工厂预制两大类；按原材料不同，可分为聚合物和沥青两大类，聚合物膜在工厂制造，而沥青膜则大多在现场制造；为满足不同强度和变形需要，又有加筋和不加筋之分
3	土工复合材料	土工复合材料是为满足工程特定需要把两种或两种以上的土工合成材料组合在一起的制品。如复合土工膜、塑料排水带、软式排水管
4	土工特种材料	土工特种材料是为工程特定需要而生产的产品。常见的有以下几种。 （1）土工格栅。在聚丙烯或高密度聚乙烯板材上先冲孔，然后进行拉伸而成的带长方形孔的板材。强度高、延伸率低，是加筋的好材料。 （2）土工网。常用于坡面防护、植草、软基加固垫层和用于制造复合排水材料。 （3）土工模袋。适用于护坡。 （4）土工格室。可用于处理软弱地基，增大其承载力；沙漠地带可用于固沙；也可用于护坡等。 （5）土工管、土工包。可用于护岸、崩岸抢险和堆筑堤防。 （6）土工合成材料黏土垫层。用于水利或土木工程中的防渗或密封设计

2F312000　水利水电工程施工导流与河道截流

2F312010　施工导流

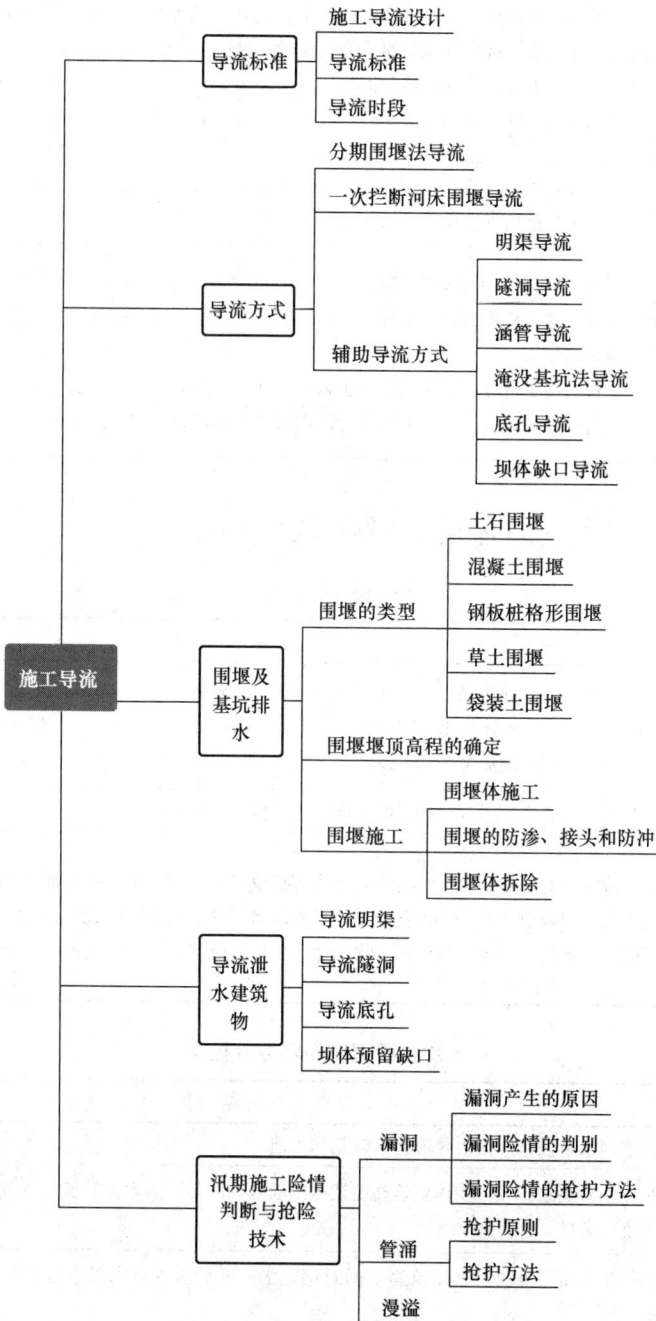

考点1　导　流　标　准

导流标准

序号	项目	内容
1	施工导流设计	任务：分析研究当地的自然条件、工程特性和其他行业对水资源的需求来选择导流方案，划分导流时段，选定导流标准和导流设计流量，确定导流建筑物的形式、布置、构造和尺寸，拟定导流建筑物的修建、拆除、封堵的施工方法，拟定河道截流、拦洪度汛和基坑排水的技术措施，通过技术经济比较，选择一个最经济合理的导流方案
2	导流标准	主要包括导流建筑物级别、导流建筑物设计洪水标准、施工期临时度汛洪水标准和导流泄水建筑物封堵后坝体度汛洪水标准等
3	导流时段	土坝、堆石坝、支墩坝一般不允许过水，因此当施工期较长，而洪水来临前又不能完建时，导流时段就要以全年为标准，其导流设计流量，就应按导流标准选择相应洪水重现期的年最大流量。 安排的施工进度能够保证在洪水来临前使坝身起拦洪作用，其导流时段应为洪水来临前的施工时段，导流设计流量则为该时段内按导流标准选择相应洪水重现期的最大流量

考点2　导　流　方　式

分期围堰法导流

序号	项目		内容
1	适用情况		(1) 导流流量大，河床宽，有条件布置纵向围堰。 (2) 河床中永久建筑物便于布置导流泄水建筑物。 (3) 河床覆盖层不厚
2	类型	束窄河床导流	通常用于分期导流的前期阶段，特别是一期导流
		通过已完建或未完建的永久建筑物导流	通过建筑物导流的主要方式包括设置在混凝土坝体中的底孔导流，混凝土坝体上预留缺口导流、梳齿孔导流，平原河道上的低水头河床式径流电站可采用厂房导流，个别高、中水头坝后式厂房，通过厂房导流等。这种方式多用于分期导流的后期阶段

一次拦断河床围堰导流程序

序号	导流方式	内容
1	初期导流	围堰挡水阶段，水流由导流泄水建筑物下泄
2	中期导流	坝体临时挡水阶段，坝体填筑高度超过围堰堰顶高程，洪水由导流泄水建筑物下泄，坝体满足安全度汛条件
3	后期导流	坝体挡水阶段导流泄水建筑物下闸封堵，水库开始蓄水，永久泄水建筑物尚未具备设计泄流能力

辅助导流方式

序号	导流方式	内容
1	明渠导流	在河岸或河滩上开挖渠道，在基坑的上下游修建横向围堰，河道的水流经渠道下泄。一般适用于岸坡平缓或有一岸具有较宽的台地、垭口或古河道的地形
2	隧洞导流	在河岸边开挖隧洞，在基坑的上下游修筑围堰，施工期间河道的水流由隧洞下泄。适用于河谷狭窄、两岸地形陡峻、山岩坚实的山区河流
3	涵管导流	适用于导流流量较小的河流或只用来担负枯水期的导流。 一般在修筑土坝、堆石坝等工程中采用
4	淹没基坑法导流	洪水来临时围堰过水，基坑被淹，待洪水退落围堰又挡水时，工程复工。当基坑淹没引起的停工时间可以接受，河道泥沙含量不大时，可以考虑
5	底孔导流	在混凝土坝体内修建临时性或永久性底孔，导流时部分或全部导流流量通过底孔下泄。在分段分期施工混凝土坝时，可以考虑
6	坝体缺口导流	其他导流建筑物不足以下泄全部流量时，利用未建成混凝土坝体上预留缺口下泄流量

考点3　围堰及基坑排水

围堰的类型

序号	类型	内容
1	土石围堰	土石围堰由土石填筑而成，多用作上下游横向围堰。它能充分利用当地材料，对基础适应性强，施工工艺简单
2	混凝土围堰	混凝土围堰的特点是挡水水头高，底宽小，抗冲能力大，堰顶可溢流
3	钢板桩格形围堰	钢板桩格形围堰是由一系列彼此相连的格体形成外壳，然后在内填以土料或砂料构成。 装配式钢板桩格型围堰适用于在岩石地基或混凝土基座上建造，其最大挡水水头不宜大于30m；打入式钢板桩围堰适用于细砂砾石层地基，其最大挡水水头不宜大于20m
4	草土围堰	草土围堰是指先铺一层草捆，然后铺一层土的草与土混合结构，断面一般为矩形或边坡较陡的梯形
5	袋装土围堰	袋装土围堰是指用土工合成材料编织成一定规格的袋子，用泥浆泵充填沙性土，垒砌后经泌水密实成型的土方工程。在河堤的抢险、围海工程中也较常使用

围堰堰顶高程的确定

序号	类型	公式
1	下游围堰的堰顶高程	$$H_d = h_d + h_a + \delta$$ 式中　H_d——下游围堰的堰顶高程（m）； 　　　h_d——下游水位高程（m）； 　　　h_a——波浪爬高（m）； 　　　δ——围堰的安全超高（m）

序号	类型	公式
2	上游围堰的堰顶高程	$$H_u = h_d + z + h_a + \delta$$ 式中　H_u——上游围堰的堰顶高程（m）； 　　　z——上下游水位差（m）

注：堰顶高程的确定，取决于施工期水位及围堰的工作条件。

考点 4　导流泄水建筑物

导流泄水建筑物

导流泄水建筑物		内容
导流明渠	布置要求	（1）泄量大，工程量小，宜优先考虑与永久建筑物结合。 （2）弯道少，宜避开滑坡、崩塌体及高边坡开挖区。 （3）应便于布置进入基坑交通道路。 （4）进出口与围堰接头应满足堰基防冲要求。 （5）弯道半径不宜小于 3 倍明渠底宽。进出口轴线与河道主流方向的夹角宜小于 30°，避免泄洪时对上下游沿岸及施工设施产生冲刷
	断面形式	应根据地形、地质条件、主体建筑物结构布置和运行要求确定
	断面尺寸	应根据导流设计流量及其允许抗冲流速等条件确定，明渠断面尺寸与上游围堰高度应通过技术经济比较确定
导流隧洞	布置要求	洞线应综合考虑地形、地质、枢纽总布置、水流条件、施工、运行及周边环境的影响因素，并通过技术经济比较选定。 导流洞进、出口与上、下游围堰堰脚的距离应满足围堰防冲要求。 与枢纽总布置相协调，有条件时宜与永久隧洞结合，其结合部分的洞轴线、断面型式与衬砌结构等应同时满足永久运行与施工导流要求。 导流隧洞弯曲半径不宜小于 5 倍洞径（或洞宽），转角不宜大于 60°，且应在弯段首尾设置直线段，其长度不宜小于 5 倍洞径（或洞宽）
	断面形式	应根据水力条件、地质条件、与永久建筑物的结合要求、施工方便等因素确定
	断面尺寸	应根据导流流量、截流难度、围堰规模和工程投资，经技术经济比较后确定
导流底孔		布置应遵循下列原则： （1）宜布置在近河道主流位置。 （2）宜与永久泄水建筑物结合布置。 （3）坝内导流底孔宽度不宜超过该坝段宽度的一半，并宜骑缝布置。 （4）应考虑下闸和封堵施工方便。 导流底孔设置数量、尺寸和高程应满足导流截流、坝体度汛、下闸蓄水、下游供水、生态流量和排冰等要求
坝体预留缺口		混凝土重力坝、拱坝等实体结构在施工过程中可预留坝体缺口与其他导流设施共同泄流，高拱坝预留缺口应专门论证其挡水安全性；支墩坝、坝内厂房等非实体结构在封腔前坝体不宜过流，如需过流应复核其结构安全。 坝体泄洪缺口宜设在河床部位，避免下泄水流冲刷岸坡。高坝设置缺口泄洪时应妥善解决缺口形态、水流流态、下游冲刷及过流振动、过流面混凝土防裂等问题，并通过水工模型试验验证。利用未形成溢流面的坝段泄流，可经水工模型试验确定空蚀指数。当空蚀指数小于 0.3 时，应采取掺气措施降低坝面负压值

考点5　汛期施工险情判断与抢险技术

漏洞

序号	项目		内容
1	产生原因		(1) 围堰堰身填土质量不好，有架空结构，在高水位作用下，土块间部分细料流失。 (2) 堰身中央有砂层等，在高水位作用下，砂粒流失
2	进水口探测		(1) 水面观察。可以在水面上撒一些漂浮物，如纸屑、碎草或泡沫塑料碎屑，若发现这些漂浮物在水面打漩或集中在一处，即表明此处水下有进水口。 (2) 潜水探漏。漏洞进水口如水深流急，水面看不到漩涡，则需要潜水探摸。 (3) 投放颜料观察水色
3	抢护方法	塞堵法	塞堵漏洞进口是最有效、最常用的方法
		盖堵法	(1) 复合土工膜排体或篷布盖堵。 (2) 就地取材盖堵
		戗堤法	当堤坝临水坡漏洞口多而小，且范围又较大时，在黏土料备料充足的情况下，可采用抛黏土填筑前戗或临水筑子堤的办法进行抢堵

管涌

序号	项目		内容
1	抢护原则		制止涌水带砂，但留有渗水出路
2	抢护方法	反滤围井	(1) 砂石反滤围井（最常见形式）。 (2) 土工织物反滤围井。 (3) 梢料反滤围井
		反滤层压盖	在堰内出现大面积管涌或管涌群时，如果料源充足，可采用反滤层压盖的方法，以降低涌水流速，制止地基泥砂流失，稳定险情 砂石反滤层压盖示意图

漫溢

序号	项目	内容
1	概念	洪水位超过现有堰顶高程，或风浪翻过堰顶，洪水漫进基坑内即为漫溢
2	抢护措施	在堰顶上加筑子堤，子堤顶高要超出预测的最高洪水位，但子堤也不宜过高

2F312020 河道截流

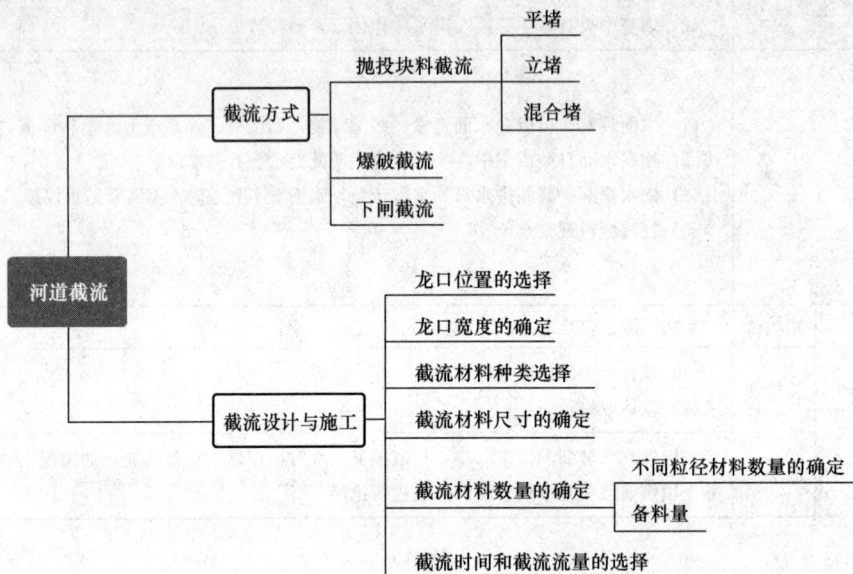

考点1 截 流 方 式

截流方式

项目			内容
抛投块料截流	适用条件		特别适用于大流量、大落差的河道上的截流。在龙口抛投石块或人工块体（混凝土方块、混凝土四面体、铅丝笼、竹笼、柳石枕、串石等）堵截水流，使河水经导流建筑物下泄
	方法	平堵	是先在龙口建造浮桥或栈桥，由自卸汽车或其他运输工具运来抛投料，沿龙口前沿投抛。先下小料，随着流速增加，逐渐抛投大块料，使堆筑戗堤均匀地在水下上升，直至高出水面，截断河床
		立堵	用自卸汽车或其他运输工具运来抛投料，以端进法抛投（从龙口两端或一端下料）进占戗堤，逐渐束窄龙口，直至全部拦断。 立堵法截流一般适用于大流量、岩基或覆盖层较薄的岩基河床。对于软基河床，只要护底措施得当，采用立堵法截流也同样有效。截流落差不超过4m时，宜选择单戗立堵截流。截流流量大且落差大于4m时，宜选择双戗或多戗立堵截流
		混合堵	用得比较多的是首先从龙口两端下料，保护戗堤头部，同时施工护底工程并抬高龙口底槛高程到一定高度，最后用立堵截断河流
爆破截流			在坝址处于峡谷地区、岩石坚硬、岸坡陡峻、交通不便或缺乏运输设备时，可采用定向爆破截流
下闸截流			在泄水道中预先修建闸墩，最后采用放下闸门的方式截断水流

考点 2　截流设计与施工

龙口位置的选择及龙口宽度的确定

序号	项目	内容
1	确定龙口宽度及位置的原则	(1) 截流龙口位置宜设于河床水深较浅、河床覆盖层较薄或基岩裸露部位。 (2) 应考虑进占堤头稳定及河床冲刷因素，保证预进占段裹头不发生冲刷破坏。 (3) 龙口工程量小。 (4) 龙口预进占戗堤布置应便于施工
2	龙口宽度的确定	根据相应的流量及龙口的抗冲流速来确定

截流材料的确定

序号	项目	内容
1	截流材料种类选择	凡有条件者，均应优先选用石块截流
2	截流材料尺寸的确定	尺寸或重量取决于龙口流速
3	截流材料数量的确定	无论是平堵截流还是立堵截流，原则上都可以按合龙过程中水力参数的变化来计算相应的材料粒径和数量。 备料量的计算，以设计戗堤体积为基础，并应考虑各项损失

2F313000　水利水电工程主体工程施工

2F313010　土石方开挖工程

【考点图谱】

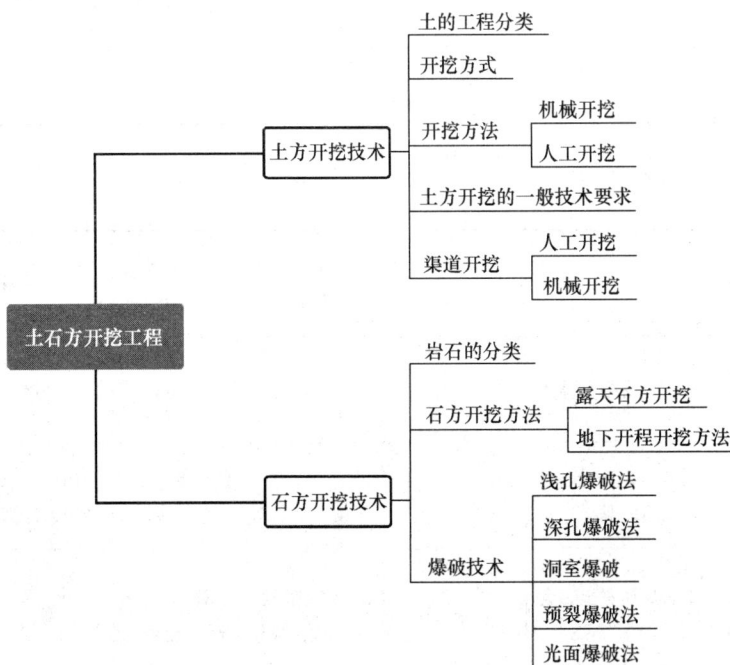

考点1 土方开挖技术

土按照基本物质组成的分类

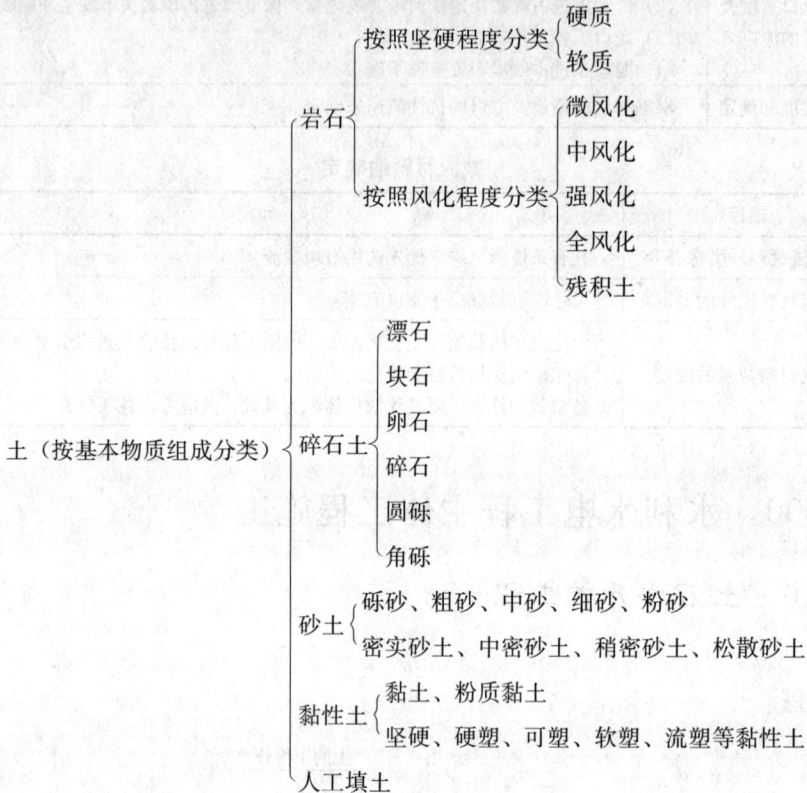

土（按基本物质组成分类）
- 岩石
  - 按照坚硬程度分类
    - 硬质
    - 软质
  - 按照风化程度分类
    - 微风化
    - 中风化
    - 强风化
    - 全风化
    - 残积土
- 碎石土
  - 漂石
  - 块石
  - 卵石
  - 碎石
  - 圆砾
  - 角砾
- 砂土
  - 砾砂、粗砂、中砂、细砂、粉砂
  - 密实砂土、中密砂土、稍密砂土、松散砂土
- 黏性土
  - 黏土、粉质黏土
  - 坚硬、硬塑、可塑、软塑、流塑等黏性土
- 人工填土

土的工程分类

土的等级	土的名称	自然湿密度（kg/m³）	外观及其组成特性	开挖工具
Ⅰ	砂土、种植土	1650～1750	疏松、粘着力差或易进水，略有黏性	用铁锹或略加脚踩开挖
Ⅱ	壤土、淤泥、含根种植土	1750～1850	开挖时能成块，并易打碎	用铁锹，需用脚踩开挖
Ⅲ	黏土、干燥黄土、干淤泥、含少量碎石的黏土	1800～1950	粘手、看不见砂粒，或干硬	用镐、三齿耙开挖或用锹需用力加脚踩开挖
Ⅳ	坚硬黏土、砾质黏土、含卵石黏土	1900～2100	结构坚硬，分裂后成块状，或含黏粒、砾石较多	用镐、三齿耙开挖

土方开挖的方法

序号	开挖方法	挖掘机械		内容
1	机械开挖	挖掘机	单斗挖掘机	（1）正铲挖掘机。适用于Ⅰ～Ⅳ类土及爆破石渣的挖掘。特点：向前向上、强制切土。 （2）反铲挖掘机。适用于Ⅰ～Ⅲ类土。多用于开挖深度不大的基槽和水下石渣。特点：向后向下、强制切土。 （3）索铲挖掘机。多用于开挖深度较大的基槽、沟渠和水下土石。 （4）抓铲挖掘机。常用于开挖土质比较松软（Ⅰ～Ⅱ类土）、施工面狭窄而深的集水井、深井及挖掘深水中的物料，其挖掘深度可达30m以上。
			多斗挖掘机	挖掘能力小，不能挖掘硬土、岩石或冻土；只能挖掘不夹杂大块（尺寸大于斗宽的0.2倍）的Ⅰ～Ⅲ级土壤，或十分均匀而没有夹杂物的Ⅳ级土壤。同时连续作业式挖掘机是专用性机器，通用性差
		推土机		一种在拖拉机上安装有推土工作装置（推土铲）的常用的土方工程机械。 宜用于100m以内运距、Ⅰ～Ⅲ类土的挖运，但挖深不宜大于1.5～2.0m，填高不宜大于2～3m
		铲运机	适用情况	铲运机是利用装在轮轴之间的铲运斗，在行驶中顺序进行铲削、装载、运输和铺卸土作业的铲土运输机械。它适用于Ⅳ级以下的土壤工作，要求作业地区的土壤不含树根、大石块和过多的杂草。链板装载式铲运机适用范围较大，除可装载普通土壤外，还可装载砂、砂砾石和小的石渣、卵石等物料
			分类	（1）按行走方式，分为拖式和自行式两种。 （2）按操纵方式，分为液压操纵和机械操纵两种。 （3）按铲运机的卸土方式，分为强制式、半强制式和自由式三种。 （4）按铲运机的装载方式，分为普通式和链板式两种。 （5）按铲斗容量可分为小、中、大三种。铲斗少于6m³为小型；6～15m³为中型；15m³以上为大型
		装载机		装载机按行走装置分为轮式和履带式两种。 按卸载方式可分为前卸式、后卸式、侧卸式和回转式四种。 按额定载重量可分为小型（＜1t）、轻型（1～3t）、中型（4～8t）、重型（＞10t）四种
2	人工开挖			施工时，应先开挖排水沟，再分层下挖。临近设计高程时，应留出0.2～0.3m的保护层暂不开挖，待上部结构施工时，再予以挖除

渠道开挖施工方法

序号	施工方法		内容
1	人工开挖		在干地上开挖渠道应自中心向外，分层下挖，边坡处可按边坡比挖成台阶状，待挖至设计深度时，再进行削坡。受地下水影响的渠道应设排水沟，开挖方式有一次到底法和分层下挖法
2	机械开挖	推土机开挖	开挖渠道：采用推土机开挖渠道，其开挖深度不宜超过1.5～2.0m，填筑堤顶高度不宜超过2～3m，其坡度不宜陡于1：2。施工中，推土机还可平整渠底，清除种植土层，修整边坡，压实渠堤等
		铲运机开挖	铲运机开挖渠道的开行方式有环形开行和"8"字形开行。当渠道开挖宽度大于铲土长度，而填土或弃土宽度又大于卸土长度，可采用横向环形开行。反之，则采用纵向环形开行，铲土和填土位置可逐渐错动，以完成所需断面。当工作前线较长，填挖高差较大时，则应采用"8"字形开行

考点 2 石 方 开 挖 技 术

岩石的分类与分级

序号	划分标准	内容
1	按形成条件分类	(1) 火成岩又称岩浆岩，是由岩浆侵入地壳上部或喷出地表凝固而成的岩石，主要包括花岗岩、闪长岩、辉长岩、辉绿岩、玄武岩等。 (2) 水成岩主要包括石灰岩和砂岩。 (3) 变质岩主要有片麻岩、大理岩和石英岩
2	岩石的分级	岩石根据坚固系数的大小分级，前 10 级（Ⅴ～ⅩⅣ）的坚固系数在 1.5～20 之间，除Ⅴ级的坚固系数在 1.5～2.0 之间外，其余以 2 为级差。坚固系数在 20～25 之间，为ⅩⅤ级；坚固系数在 25 以上，为ⅩⅥ级

石方开挖方法

序号	项目		内容
1	露天石方开挖	开挖方法	(1) 石方开挖方法：钻孔爆破松动、挖掘机或装载机配自卸汽车出渣。 (2) 常用的爆破方法：浅孔爆破法、深孔爆破法、洞室爆破法、预裂爆破法。 (3) 爆破法开挖石方的基本工序：钻孔→装药→起爆→挖装→运卸
		技术要求	(1) 岩基上部除结构要求外均应按梯段爆破方式开挖，在邻近建基面预留保护层，保护层按要求进行开挖。 (2) 采用减震爆破技术，以确保基岩完整，确保开挖边坡稳定，保证开挖形状符合设计要求。 (3) 对爆破进行有效控制，防止损害邻近建筑物和已浇混凝土或已完工的灌浆地段；保护施工现场机械设备和人员安全。 (4) 力求爆后块度均匀、爆堆集中，以满足挖装要求，提高挖装效率
2	地下工程开挖		地下工程主要采用钻孔爆破方法进行开挖，使用机械开挖则有掘进机开挖法、盾构法和顶管法（顶进法）

爆破技术

序号	爆破方法	内容
1	浅孔爆破法	(1) 孔径小于 75mm、深度小于 5m 的钻孔爆破称为浅孔爆破。 (2) 浅孔爆破法钻孔工作量大，每个炮孔爆下的方量不大，因此生产率较低。 (3) 水利水电建设中，浅孔爆破广泛用于基坑、渠道、隧洞的开挖和采石场作业等。 (4) 合理布置炮孔是提高爆破效率的关键，布置时应注意以下原则： 1) 炮孔方向不宜与最小抵抗线方向重合。 2) 充分利用有利地形，尽量利用和创造自由面，减小爆破阻力，以提高爆破效率。 3) 根据岩石的层面、节理、裂隙等情况进行布孔，一般应将炮孔与层面、节理等垂直或斜交；但不宜穿过较宽的裂隙，以免漏气。 4) 当布置有几排炮孔时，应交错布置成梅花形，第一排先爆，然后第二排等依次爆破，这样可以提高爆破效果。 (5) 浅孔爆破法常采用阶梯开挖法
2	深孔爆破法	(1) 孔径大于 75mm、孔深大于 5m 的钻孔爆破称为深孔爆破。一般适用于Ⅶ～ⅩⅣ级岩石。 (2) 深孔爆破法是大型基坑开挖和大型采石场开采的主要方法。 (3) 深孔爆破法在大多数情况下均采用垂直钻孔。 (4) 深孔爆破的主要参数有：梯段高度 H、底盘抵抗线 ω_p、炮孔间距 a 和排距 b、超钻深度 h、钻孔深度 L、堵塞长度 L_2 及单孔装药量 Q 等。 (5) 提高深孔爆破的质量，可采用多排孔微差爆破和挤压爆破，还可通过合理的装药结构和采用倾斜孔爆破等措施来实现

序号	爆破方法	内容
3	洞室爆破法	在专门设计开挖的洞室或巷道内装药爆破的一种方法
4	预裂爆破法	预裂爆破是沿设计开挖轮廓线钻一排预裂炮孔，在主体开挖部位未爆之前先行爆破，从而获得一条沿设计开挖轮廓线贯穿的裂缝，在该裂缝的屏蔽下，进行主体开挖部位的爆破，防止或减弱爆破震动向开挖轮廓以外岩体的传播
5	光面爆破法	光面爆破是沿设计开挖轮廓线钻一排光面爆破炮孔，再进行主体开挖部位的爆破，然后爆破设计开挖轮廓线上的光面爆破炮孔，将作为围岩保护层的"光爆层"爆除，从而获得一个平整的洞室开挖壁面的一种控制爆破方式

2F313020 地基处理工程

【考点图谱】

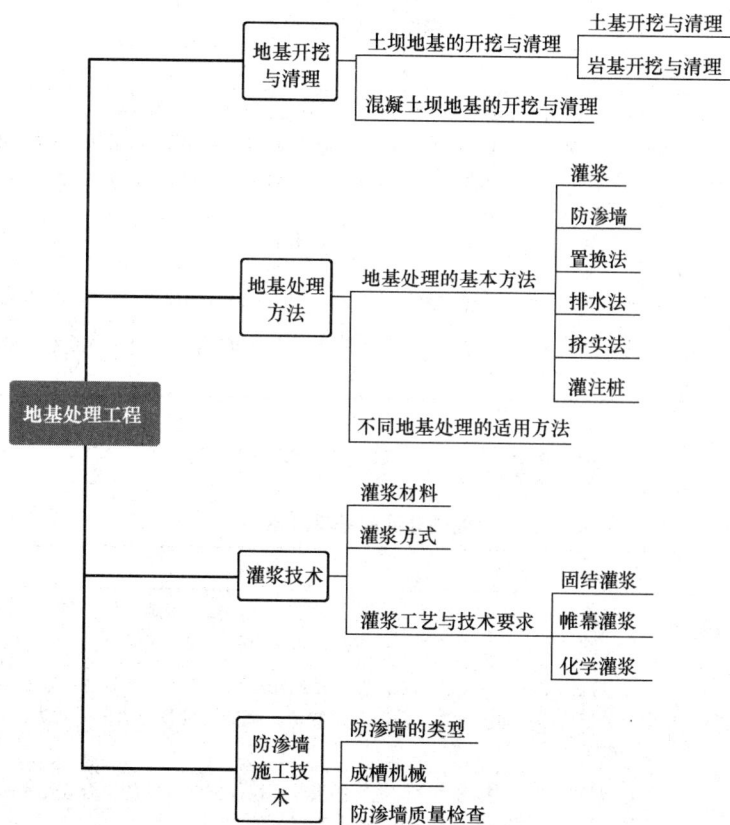

考点1 地基开挖与清理

土坝地基的开挖与清理

序号	项目	内容
1	土基开挖与清理	（1）坝断面范围内必须清除地基、岸坡上的草皮、树根、含有植物的表土、蛮石、垃圾及其他废料，并将清理后的地基表面土层压实。 （2）坝体断面范围内的低强度、高压缩性软土及地震时易液化的土层应清除或处理。 （3）开挖的岸坡应大致平顺，不应呈台阶状、反坡或突然变坡，岸坡上缓下陡时，变坡角应小于20°，岸坡不宜陡于1∶1.5。 （4）应留有0.2～0.3m的保护层，待填土前进行人工开挖
2	岩基开挖与清理	（1）坝断面范围内的岩石坝基与岸坡，应清除表面松动石块、凹处积土和突出的岩石。 （2）对失水时很快风化变质的软岩石（如叶岩、泥岩等），开挖时应预留保护层，待开始回填时，随挖除、随回填，或在开挖后采用喷砂浆或混凝土保护。 （3）岩石岸坡一般不陡于1∶0.5，若陡于此坡度应有专门论证，并采取必要措施

混凝土坝地基的开挖与清理

序号	项目	内容
1	开挖	（1）坝段的基础面上下游高差不宜过大，并尽可能开挖成大台阶状。 （2）两岸岸坡坝段基础面，尽量开挖成有足够宽度的台阶状，以确保向上游倾斜。若基岩面高差过大或向下游倾斜，宜开挖成大台阶状，保持坝体的侧向稳定。对于靠近坝基面的缓倾角软弱夹层，埋藏不深的溶洞、溶蚀面应尽量挖除。 （3）开挖至距离基岩面0.5～1.0m时，应采用手风钻钻孔，小药量爆破，以免造成基岩产生或增大裂隙。 （4）遇到易风化的页岩、黏土岩时，应留有0.2～0.3m的保护层，待浇筑混凝土前再挖除
2	清理	基岩开挖后，在浇筑混凝土前，需进行彻底的清理和冲洗，包括清除松动的岩块、打掉凸出的尖角等

考点2 地基处理方法

地基处理的基本方法

序号	方法		内容
1	灌浆	固结灌浆	通过面状布孔灌浆，以改善岩基的力学性能，减少基础的变形和不均匀沉陷；改善工作条件，减少基础开挖深度的一种方法。灌浆面积较大、深度较浅、压力较小
		帷幕灌浆	在基础内平行于建筑物的轴线钻一排或几排孔，用压力灌浆法将浆液灌入到岩石的裂隙中去，形成一道防渗帷幕，截断基础渗流，降低基础扬压力的一种方法。灌浆深度较深、压力较大
		接触灌浆	在建筑物和岩石接触面之间进行的灌浆，以加强两者间的结合程度和基础的整体性，提高抗滑稳定，同时也增进岩石固结与防渗性能的一种方法
		化学灌浆	一种以高分子有机化合物为主体材料的灌浆方法
		高压喷射灌浆	采用钻孔将装上特制合金喷嘴的注浆管下到预定位置，然后用高压泵将浆液通过喷嘴喷射出来，冲击破坏土体，使土粒在喷射流束的冲击力、离心力和重力等综合作用下，与浆液搅拌混合。待浆液凝固以后，在土内形成一定形状的固结体

序号	方法	内容
2	防渗墙	防渗墙是使用专用机具钻凿圆孔或直接开挖槽孔,孔内浇灌混凝土、回填黏土或其他防渗材料等或安装预制混凝土构件形成连续的地下墙体。也可用板桩、灌注桩、旋喷桩或定喷桩等各类桩体连续形成防渗墙
3	置换法	将建筑物基础底面以下一定范围内的软弱土层挖去,换填无侵蚀性及低压缩性的散粒材料,从而加速软土固结、提高地基承载力的一种方法
4	排水法	采取相应措施如砂垫层、排水井、塑料多孔排水板,使软基表层或内部形成水平或垂直排水通道,然后在土壤自重或外荷压载作用下,加速土壤中水分的排除,使土壤固结的一种方法
5	挤实法	将某些填料如砂、碎石或生石灰等用冲击、振动或两者兼而有之的方法压入土中,形成一个个的柱体,将原土层挤实,从而增加地基强度的一种方法
6	灌注桩	(1) 按桩的受力情况分类: 摩擦型桩:桩的承载力以侧摩擦阻力为主。摩擦型桩又分为摩擦桩和端承摩擦桩。 端承型桩:桩的承载力以桩端阻力为主。端承型桩又分为端承桩和摩擦端承桩。 (2) 按桩的功能分类: 承受轴向压力的桩:主要承受建筑物的竖向荷载。大多数桩都是这种作用。 承受轴向拔力的桩:用以抵抗外荷对建筑物的上拔力。如抗浮桩、塔架锚固桩等。 承受水平荷载的桩:用以支护边坡或者基坑。如挡土桩、抗滑桩等。 (3) 按桩的成孔方法分类: 灌注桩通常使用机械成孔,当地下水位较低、涌水量较小时,桩径较大的桩也可以人工挖孔

不同地基处理的适用方法

序号	地基	处理方法
1	岩基	灌浆、局部开挖回填
2	砂砾石地基	开挖、防渗墙、帷幕灌浆、设水平铺盖
3	软土地基	开挖、桩基础、置换法、排水法、挤实法、高压喷射灌浆
4	湿陷性黄土地基	土或灰土垫层、砂或砂垫层、强夯法、重锤夯实法、桩基础、预浸法
5	膨胀土地基	换填、土性改良、预浸水
6	岩溶地段地基	回填碎石(片石)、(帷幕)灌浆
7	冻土地基	基底换填碎石垫层、铺设复合土工膜、设置渗水暗沟、填方设隔热板

考点3 灌 浆 技 术

灌浆材料的分类

灌浆材料可分为两大类:

(1) 用固体颗粒的灌浆材料(如水泥、黏土或膨润土、砂等)制成的浆液;

(2) 用化学灌浆材料(如硅酸盐、环氧树脂、聚氨酯、丙凝等)制成的浆液。

水利水电工程中大量常用的浆液主要有水泥浆、水泥黏土浆、黏土浆、水泥黏土砂浆等。

灌浆方式

序号	分类依据		内容
1	按浆液的灌注 流动方式		纯压式：一次把浆液压入钻孔中，扩散到地基缝隙中，灌注过程中，浆液单向从灌浆机向钻孔流动的一种灌浆方式
			循环式：灌浆时浆液进入钻孔，一部分被压入地基缝隙中，另一部分由回浆管路返回拌浆筒中的一种灌浆方式
2	按灌浆 孔中灌 浆程序	一次 灌浆	原理：将孔一次钻完，全孔段一次灌浆。 适用情形：在灌浆深度不大，孔内岩性基本不变，裂隙不大而岩层又比较坚固等情况下可采用该方法
		分段 灌浆	原理：将灌浆孔划分为几段，采用自下而上或自上而下的方式进行灌浆。 适用情形：灌浆孔深度较大，孔内岩性又有一定变化而裂隙又大的情况，此外，裂隙大且吸浆量大，灌浆泵不易达到冲洗和灌浆所需的压力等情况下也可采用该方法

灌浆工艺与技术要求

	项目		内容
固结灌浆	灌浆工艺	钻孔	规则布孔形式有正方形布孔和梅花形布孔；随机布孔形式为梅花形布孔
		压水试验	灌浆前进行简易压水试验，采用单点法，试验孔数一般不宜少于总孔数的 5%
		灌浆（分序施工）	灌浆分序施工，应严格把握变浆标准及灌浆结束标准
		封孔	采用"置换和压力灌浆封孔法"，先将孔内余浆置换成浓浆，再将灌浆塞塞在孔口，进行压力灌浆封孔
		质量检查	灌浆施工中应进行压水试验检查、测试孔检查及对灌浆孔、检查孔的封孔质量抽样检查，以保证灌浆施工质量
	施工顺序		基础灌浆宜按照先固结、后帷幕的顺序进行。水工隧洞的灌浆宜按照先回填灌浆、后固结灌浆、再接缝灌浆的顺序进行
帷幕灌浆	主要参数		防渗标准、深度、厚度、灌浆孔排数和灌浆压力
	技术要求		（1）浆液浓度的控制。开始时用最稀一级浆液，在灌入一定的浆量后若吸浆量没有明显减少时，即改为用浓一级的浆液进行灌注，如此下去，逐级变浓直到结束。 （2）灌浆压力的控制。灌浆压力的大小与孔深、岩层性质及灌浆段上有无压重等因素有关，应通过试验来确定，并在灌浆施工中进一步检验和调整。 （3）回填封孔。回填材料多用水泥浆或水泥砂浆
化学灌浆	特性		黏度低、抗渗性强、稳定性和耐久性好、低毒性
	工序		钻孔及压水试验→钻孔及裂缝的处理（包括排渣及裂缝干燥处理）→埋设注浆嘴和回浆嘴→封闭、注水和灌浆

考点 4　防渗墙施工技术

防渗墙的类型

序号	分类依据	内容
1	墙体结构形式	桩柱型防渗墙、槽孔型防渗墙（使用更为广泛）、混合型防渗墙

序号	分类依据	内容
2	墙体材料	普通混凝土防渗墙、钢筋混凝土防渗墙、黏土混凝土防渗墙、塑性混凝土防渗墙和灰浆防渗墙
3	成槽方法	槽孔建造设备和方法，可根据地层情况、墙体结构形式及设备性能进行选择，必要时可选用多种设备组合施工。可采用的成槽方法有钻劈法、钻抓法、抓取法、铣削法等。 薄防渗墙的成槽可根据地质条件选用薄型抓斗成槽、冲击钻成槽、射水法成槽和锯槽机成槽等方法
4	布置方式	嵌固式防渗墙、悬挂式防渗墙、组合式防渗墙

防渗墙成槽机械与质量检查

序号	项目		内容
1	成槽机械		槽孔型防渗墙的施工程序：平整场地→挖导槽→做导墙→安装挖槽机械设备→制备泥浆注入导槽→成槽→混凝土浇筑成墙。 成槽机械：钢绳冲击钻机、冲击式反循环钻机、回转式钻机、抓斗挖槽机、射水成槽机、锯槽机及链斗式挖槽机等
2	质量检查	工序质量检查	包括造孔、终孔、清孔、接头处理、混凝土浇筑（包括钢筋笼、预埋件、观测仪器安装埋设）等检查
		墙体质量检查	(1) 检查时间：成墙28d后。 (2) 检查内容：必要的墙体物理力学性能指标、墙段接缝和可能存在的缺陷。 (3) 检查方法：钻孔取芯、注水试验等。 (4) 检查孔数量：宜为每15～20个槽孔1个

2F313030 土石方填筑工程

【考点图谱】

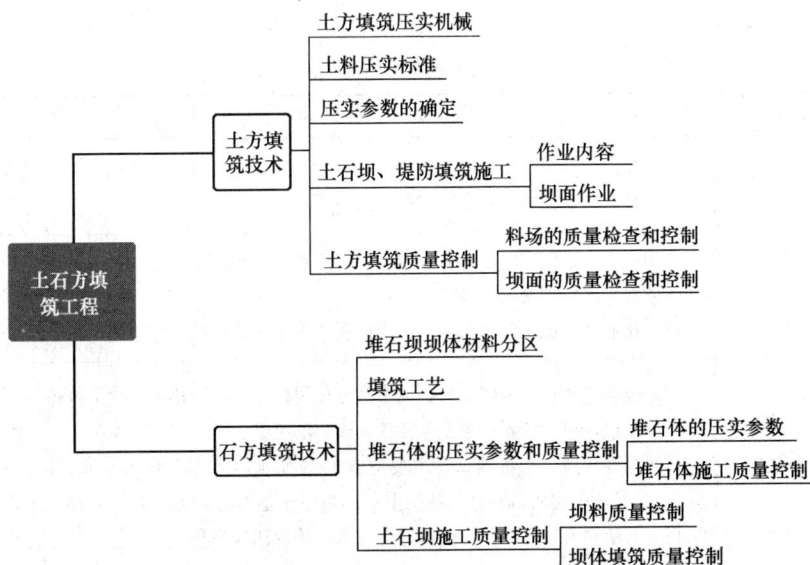

考点1 土方填筑技术

土方填筑压实机械、压实标准、压实参数

序号	项目	内容
1	土方填筑压实机械	静压碾压（如羊脚碾、气胎碾等）、振动碾压、夯击（如夯板）
2	土料压实标准	土石坝的土料压实标准是根据水工设计要求和土石料的物理力学特性提出来的，对于黏性土用干密度 ρ_d 和施工含水量控制，对于非黏性土以相对密度 D_r 控制，对于石渣和堆石体可以用孔隙率作为压实指标
3	土料填筑压实参数	碾压机具的重量、含水量、碾压遍数及铺土厚度等，振动碾压还应包括振动频率及行走速率等。 对非黏性土料的试验，只需作铺土厚度、压实遍数和干密度的关系曲线，据此便可得到与不同铺土厚度对应的压实遍数，最后再分别计算单位压实遍数的压实厚度

碾压土石坝作业内容

序号	施工作业类型	作业内容
1	准备作业	包括："一平四通"即平整场地、通车、通水、通电、通信，修建生产、生活福利、行政办公用房以及排水清基等项工作
2	基本作业	包括：料场土石料开采，挖、装、运、卸以及坝面铺平、压实、质检等项作业
3	辅助作业	是保证准备作业及基本作业顺利进行，创造良好工作条件的作业。 包括：消除施工场地及料场的覆盖层，从上坝土石料中剔除超径石块、杂物，坝面排水，层间刨毛和加水等
4	附加作业	是保证坝体长期安全运行的防护及修整工作。 包括：坝坡修整、铺砌护面块石及铺植草皮等

碾压土石坝坝面作业

序号	项目	内容
1	工序	坝面作业包括铺土、平土、洒水或晾晒（控制含水量）、土料压实、修整边坡、铺筑反滤层、排水体及护坡、质量检查等工序
2	坝面划分	采用流水作业施工时，首先根据施工工序数目将坝面划分成区段，然后组织各种的专业队依次进入所划分的区段施工。 流水作业时各施工段工作面的大小取决于各施工时段的上坝强度
3	铺料与整平	（1）铺料宜平行坝轴线进行，铺土厚度要匀，超径不合格的料块应打碎，杂物应剔除。 （2）按设计厚度铺料整平是保证压实质量的关键。 （3）黏性土料含水量偏低，主要应在料场加水，若需在坝面加水，应力求"少、勤、匀"，以保证压实效果。对非黏性土料，为防止运输过程脱水过量，加水工作主要在坝面进行。石渣料和砂砾料压实前应充分加水，确保压实质量

序号	项目	内容
4	碾压	进行碾压施工要对压实机械进行选择。 碾压方式主要取决于碾压机械的开行方式。碾压机械的开行方式通常有：进退错距法和圈转套压法两种。 （1）进退错距法操作简便，碾压、铺土和质检等工序协调，便于分段流水作业，压实质量容易保证。错距宽度 b（单位：m）按下式计算： $$b = B/n$$ 式中　B——碾滚净宽（m）； 　　　n——设计碾压遍数。 （2）圈转套压法要求开行的工作面较大，适合于多碾滚组合碾压
5	接头处理	（1）在坝体填筑中，层与层之间分段接头应错开一定距离，同时分段条带应与坝轴线平行布置，各分段之间不应形成过大的高差。接坡坡比一般缓于 1:3。 （2）坝体填筑中，一般都采用土、砂平起的施工方法，其分为两种：一种是先土后砂法（先填土料后填砂砾料反滤料）；另一种是先砂后土法（先填砂砾料后填土料）。 （3）对于坝身与混凝土结构物（如涵管、刺墙等）的连接部位，填土前，先将结合面的污物冲洗干净，在结合面上洒水湿润，涂刷一层厚约 5mm 的浓黏性浆、水泥黏性浆或水泥砂浆，要边涂刷、边铺土、边碾压，涂刷高度与铺土厚度一致。 （4）对于基础部位的填土，宜采用薄层、轻碾的方法。对于黏性土、砾质土坝基，应将其表层含水量调节至施工含水量的上限范围，用与防渗体土料相同的碾压参数压实，然后刨毛 3~5cm，再铺土压实。非黏性土地基应先压实，再铺第一层土料，其含水量为施工含水量的上限，采用轻型机械压实，压实干密度可略低于设计值

土方填筑质量控制

序号	项目	内容
1	料场的质量检查和控制	（1）对土料场应经常检查所取土料的土质情况、土块大小、杂质含量和含水量等。 （2）若土料的含水量偏高，一方面应改善料场的排水条件和采取防雨措施，另一方面需将含水量偏高的土料进行翻晒处理，或采取轮换掌子面的办法，使土料含水量降低到规定范围再开挖。 （3）当含水量偏低时，对于黏性土料应考虑在料场加水。料场加水的有效方法是采用分块筑畦埂，灌水浸渍，轮换取土。地形高差大也可采用喷灌机喷洒。无论哪种加水方式，均应进行现场试验。对非黏性土料可用洒水车在坝面喷洒加水，避免运输时从料场至坝上的水量损失。 （4）当土料含水量不均匀时，应考虑堆筑"土牛"（大土堆），使含水量均匀后再外运
2	坝面的质量检查和控制	（1）在坝面作业中，应对铺土厚度、土块大小、含水量、压实后的干密度等进行检查，并提出质量控制措施。对黏性土，含水量的检测是关键，可用含水量测定仪测定。干密度的测定，黏性土一般可用体积为 200~500cm³ 的环刀测定；砂可用体积为 500cm³ 的环刀测定；砾质土、砂砾料、反滤料用灌水法或灌砂法测定；堆石因其空隙大，一般用灌水法测定。当砂砾料因缺乏细料而架空时，也用灌水法测定。 （2）根据地形、地质、坝料特性等因素，在施工特征部位和防渗体中，选定一些固定取样断面，沿坝高 5~10m，取代表性试样（总数不宜少于 30 个）进行室内物理力学性能试验，作为核对设计及工程管理之根据。此外，还应对坝面、坝基、削坡、坝肩接合部、与刚性建筑物连接处以及各种土料的过渡带进行检查。对土层层间结合处是否出现光面和剪力破坏应引起足够重视，认真检查。对施工中发现的可疑问题，如上坝土料的土质、含水量不符合要求，漏压或碾压遍数不够，超压或碾压遍数过多，铺土厚度不均匀及坑洼部位等，应进行重点抽查，不合格的应进行返工。

序号	项目	内容
2	坝面的质量检查和控制	（3）对于反滤层、过渡层、坝壳等非黏性土的填筑，主要应控制压实参数。在填筑排水反滤层过程中，每层在25m×25m的面积内取样1～2个；对条形反滤层，每隔50m设一取样断面，每个取样断面每层取样不得少于4个，均匀分布在断面的不同部位，且层间取样位置应彼此对应。对于反滤层铺填的厚度、是否混有杂物、填料的质量及颗粒级配等应全面检查。通过颗粒分析，查明反滤层的层间系数（$D50/d50$）和每层的颗粒不均匀系数（$d60/d10$）是否符合设计要求。如不符要求，应重新筛选，重新铺填。 （4）土坝的堆石棱体与堆石体的质量检查大体相同。主要应检查上坝石料的质量、风化程度、石块的重量、尺寸、形状、堆筑过程有无离析架空现象发生等。对于堆石的级配、孔隙率大小，应分层分段取样，检查是否符合规范要求。随坝体的填筑应分层埋设沉降管，对施工过程中坝体的沉陷进行定期观测，并作出沉陷随时间的变化过程线。 （5）应及时整理坝体填料的质量检查记录，分别编号存档，编制数据库，既作为施工过程全面质量管理的依据，也作为坝体运行后进行长期观测和事故分析的佐证

考点 2 石 方 填 筑 技 术

堆石坝坝体材料分区及填筑工艺

序号	项目	内容
1	堆石坝坝体材料分区	主要有垫层区、过渡区、主堆石区、下游堆石区（次堆石料区）。 堆石坝坝体分区 1A—上游铺盖区；1B—压重区；2—垫层区； 3A—过渡区；3B—主堆石区；3C—下游堆石区； 4—主堆石区和下游堆石区的可变界限； 5—下游护坡；6—混凝土面板
2	填筑工艺	（1）堆石体填筑可采用自卸汽车后退法或进占法卸料，推土机摊平。 ① 后退法的优点是汽车可在压平的坝面上行驶，减轻轮胎磨损；缺点是推土机摊平工作量大，且影响施工进度。 ② 进占法卸料，虽料物稍有分离，但对坝料质量无明显影响，并且显著减轻了推土机的摊平工作量，使堆石填筑速度加快。 （2）垫层料、过渡料和一定宽度的主堆石的填筑应平起施工，均衡上升。 ① 垫层料的摊铺多用后退法，以减轻物料的分离。当压实层厚度大时，可采用混合法卸料，即先用后退法卸料呈分散堆状，再进占法卸料铺平，以减轻物料的分离。 ② 垫层料铺筑上游边线水平超宽一般为20～30cm。采用自行式振动碾压实。水平碾压时，振动碾与上游边缘的距离不宜大于40cm。 （3）坝料填筑宜采用进占法卸料，必须及时平料，每层铺料后宜用仪器检查铺料厚度，一经发现超厚应及时处理

堆石体的压实参数和质量控制

序号	项目	内容
1	堆石体的压实参数	碾重、铺层厚度、碾压遍数
2	堆石体的施工质量控制	（1）通常堆石压实的质量指标，用压实重度换算的孔隙率 n 来表示，现场堆石密实度的检测主要采取试坑法。 （2）垫层料（包括周边反滤料）需做颗分、密度、渗透性及内部渗透稳定性检查，检查稳定性的颗分取样部位为界面处。 （3）垫层料、反滤料级配控制的重点是控制加工产品的级配。 （4）过渡料主要是通过在施工时清除界面上的超径石来保证对垫层料的过渡性。 （5）主堆石的渗透性很大，亦只做简易检查，级配的检查是供档案记录用的

土石坝坝体填筑过程质量控制项目

土石坝坝体填筑过程质量控制项目：（1）填筑边界控制及坝料质量。（2）与防渗体接触的岩面上石粉、泥土以及混凝土面的乳皮等杂物清除，涂刷浓泥浆等。（3）结合部位的压实方法及施工质量。（4）防渗体层面有无光面、剪切破坏、弹簧土、漏压或欠压土、裂缝等；铺土前，压实土体表面处理情况。（5）防渗体与反滤料、部分坝壳料的平起关系。（6）铺料厚度和碾压参数。（7）碾压机具规格、质量，振动碾振动频率、激振力，气胎碾气胎压力等。（8）过渡料、堆石料有无超径石、大块石集中和夹泥等。（9）坝坡控制。

坝体压实检查次数

序号	坝料类别及部位		检查项目	取样（检测）次数
1	防渗体	黏性土 边角夯实部位	干密度、含水率	2～3 次/每层
		黏性土 碾压面		1 次/100～200m³
		黏性土 均质坝		1 次/200～500m³
		砂质土 边角夯实部位	干密度、含水率、大于 5mm 砾石含量	2～3 次/每层
		砂质土 碾压面		1 次/200～500m³
2	反滤料		干密度、颗粒级配、含泥量	1 次/200～500m³，每层至少一次
3	过渡料		干密度、颗粒级配	1 次/500～1000m³，每层至少一次
4	坝壳砂砾（卵）料		干密度、颗粒级配	1 次/5000～10000m³，每层至少一次
5	坝壳砂砾土		干密度、含水率小于 5mm 含量	1 次/3000～6000m³，每层至少一次
6	堆石料		干密度、颗粒级配	1 次/10000～100000m³，每层至少一次

注：堆石料颗粒级配试验组数可为干密度试验的 30％～50％。

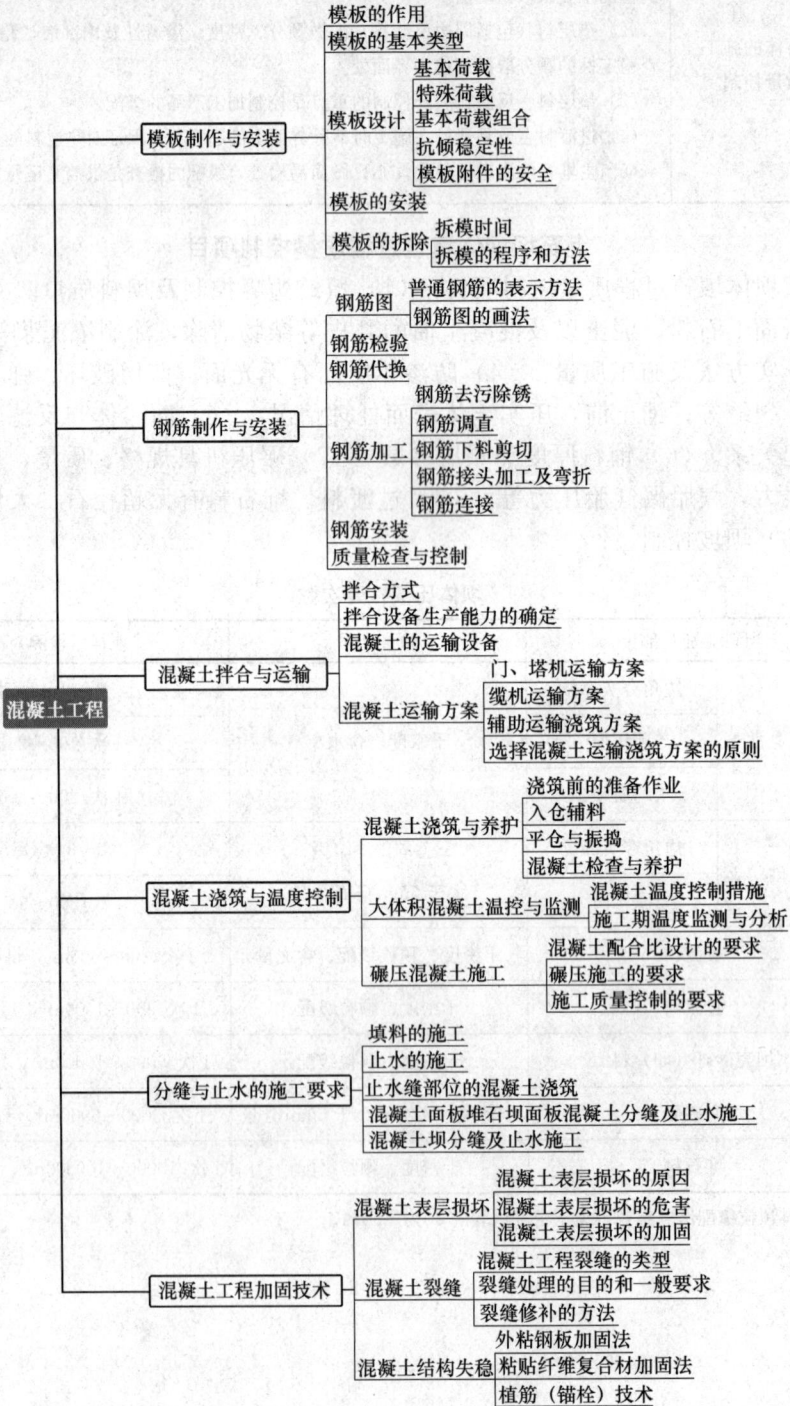

2F313040　混凝土工程

【考点图谱】

混凝土工程
- 模板制作与安装
  - 模板的作用
  - 模板的基本类型
  - 模板设计
    - 基本荷载
    - 特殊荷载
    - 基本荷载组合
    - 抗倾稳定性
    - 模板附件的安全
  - 模板的安装
  - 模板的拆除
    - 拆模时间
    - 拆模的程序和方法
- 钢筋制作与安装
  - 钢筋图
    - 普通钢筋的表示方法
    - 钢筋图的画法
  - 钢筋检验
  - 钢筋代换
  - 钢筋加工
    - 钢筋去污除锈
    - 钢筋调直
    - 钢筋下料剪切
    - 钢筋接头加工及弯折
    - 钢筋连接
  - 钢筋安装
  - 质量检查与控制
- 混凝土拌合与运输
  - 拌合方式
  - 拌合设备生产能力的确定
  - 混凝土的运输设备
  - 混凝土运输方案
    - 门、塔机运输方案
    - 缆机运输方案
    - 辅助运输浇筑方案
    - 选择混凝土运输浇筑方案的原则
- 混凝土浇筑与温度控制
  - 混凝土浇筑与养护
    - 浇筑前的准备作业
    - 入仓铺料
    - 平仓与振捣
    - 混凝土检查与养护
  - 大体积混凝土温控与监测
    - 混凝土温度控制措施
    - 施工期温度监测与分析
  - 碾压混凝土施工
    - 混凝土配合比设计的要求
    - 碾压施工的要求
    - 施工质量控制的要求
- 分缝与止水的施工要求
  - 填料的施工
  - 止水的施工
  - 止水缝部位的混凝土浇筑
  - 混凝土面板堆石坝面板混凝土分缝及止水施工
  - 混凝土坝分缝及止水施工
- 混凝土工程加固技术
  - 混凝土表层损坏
    - 混凝土表层损坏的原因
    - 混凝土表层损坏的危害
    - 混凝土表层损坏的加固
  - 混凝土裂缝
    - 混凝土工程裂缝的类型
    - 裂缝处理的目的和一般要求
    - 裂缝修补的方法
  - 混凝土结构失稳
    - 外粘钢板加固法
    - 粘贴纤维复合材加固法
    - 植筋（锚栓）技术

42

考点1　模板制作与安装

模板的基本类型

序号	划分依据	内容
1	制作材料	木模板、钢模板、混凝土和钢筋混凝土预制模板
2	模板形状	平面模板、曲面模板
3	受力条件	承重模板、侧面模板（按其支撑受力方式，又分为简支模板、悬臂模板和半悬臂模板）
4	架立和工作特征	固定式、拆移式、移动式、滑动式

模板及其支架承受的荷载

序号	荷载	内容
1	基本荷载	（1）模板及其支架的自重。 （2）新浇筑混凝土的重量。 （3）钢筋和预埋件的重量。 （4）工作人员及浇筑设备、工具等荷载。 （5）振捣混凝土产生的荷载。 （6）新浇筑混凝土的侧压力。 （7）新浇筑的混凝土的浮托力。 （8）混凝土拌合物入仓所产生的冲击荷载。 （9）混凝土与模板的摩阻力
2	特殊荷载	（1）风荷载。 （2）以上10项荷载以外的其他荷载

各种模板结构的基本荷载组合

模板类别	荷载组合（荷载按前述次序）	
	计算承载能力	验算刚度
薄板和薄壳的底模板	（1）、（2）、（3）、（4）	（1）、（2）、（3）、（4）
厚板、梁和拱的底模板	（1）、（2）、（3）、（4）、（5）	（1）、（2）、（3）、（4）、（5）
梁、拱、柱（边长≤300mm）、墙、（厚≤40mm）的侧面垂直模板	（5）、（6）	（6）
大体积结构、厚板、柱（边长＞300mm）、墙、（厚＞400mm）的侧面垂直模板	（5）、（6）、（8）	（6）、（8）
悬臂模板	（1）、（2）、（3）、（4）、（5）、（6）、（8）	（1）、（2）、（3）、（4）、（5）、（6）、（8）
隧洞衬砌模板台车	（1）、（2）、（3）、（4）、（5）、（6）、（7）	（1）、（2）、（3）、（4）、（5）、（6）、（7）

模板的安装与拆除

序号	项目	内容
1	安装	模板安装必须按设计图纸测量放样，对重要结构应多设控制点，以利检查校正。 对于大体积混凝土浇筑块，成型后的偏差不应超过木模安装允许偏差的 50%～100%，取值大小视结构物的重要性而定
2	拆除	(1) 施工规范规定，非承重侧面模板，混凝土强度应达到 $25×10^5$ Pa 以上，其表面和棱角而不因拆模而损坏时方可拆除。 (2) 钢筋混凝土结构的承重模板，要求达到下列规定值（按混凝土设计强度等级的百分率计算）时才能拆模： ① 悬臂板、梁：跨度≤2m，75%；跨度>2m，100%。 ② 其他梁、板、拱：跨度≤2m，50%；跨度 2～8m，75%；跨度>8m，100%。 (3) 在同一浇筑仓的模板，按"先装的后拆，后装的先拆"的原则，按次序、有步骤地进行

考点 2 钢筋制作与安装

钢筋检验与钢筋代换

序号	项目	内容
1	钢筋检验	现场钢筋检验内容应包括资料核查、外观检查和力学性能试验等。 (1) 核查每捆钢筋出厂时标牌注明的生产厂家、生产日期、牌号、产品批号、规格、尺寸等标记，是否与该批钢筋的质量合格证明书及检测报告相符。 (2) 检查每批钢筋的外观质量，查看锈蚀程度及有无裂缝、结疤、麻坑、气泡、砸碰伤痕等，并应测量钢筋的直径。 (3) 从每批钢筋中任选两根钢筋，每根取两个试件分别进行拉伸试验（包括屈服点、抗拉强度和伸长率）和冷弯试验。当有一项试验结果不符合要求时，则从同一批钢筋中另取双倍数量的试件重做各项试验。如仍有一个试件不合格，则该批钢筋为不合格。 (4) 钢筋取样时，钢筋端部应先截去 500mm 再取试件，每组试件应分别标记，不得混淆。钢筋应按批号进行检查和验收，同一批号钢筋，每 60t 宜作为一个检验批，不足 60t 时仍按一批计
2	钢筋代换	(1) 应按钢筋承载力设计值相等的原则进行，钢筋代换后应满足规范规定的钢筋间距、锚固长度、最小钢筋直径等构造要求。 (2) 以高一级钢筋代换低一级钢筋时，宜采用改变钢筋直径方法减少钢筋截面积。 用同牌号钢筋代换时，其直径变化范围不宜超过 4mm，代换后钢筋总截面面积与设计文件中规定的钢筋截面面积之比不得小于 98% 或大于 103%。 设计主筋采取同牌号的钢筋代换时，应保持间距不变，可以用直径比设计钢筋直径大一级和小一级的两种型号钢筋间隔配置代换，满足钢筋最小间距要求。 当构件按最小配筋率配筋时，可按钢筋的面积相等的原则进行代换。 当钢筋受裂缝开展宽度或挠度控制时，代换后还应进行裂缝或挠度验算。 重要结构中的钢筋代换，应征得设计单位同意

钢筋加工

序号	加工工序		内容
1	钢筋去污除锈		钢筋表面应洁净，使用前应将表面油渍、漆污、锈皮、鳞锈等清除干净，但对钢筋表面浮锈可不做专门处理。钢筋表面有严重锈蚀、麻坑、斑点等现象时，应经鉴定后视损伤情况确定降级使用或剔除不用
2	钢筋调直		钢筋的调直宜采用机械调直和冷拉方法调直，严禁采用氧气、乙炔焰烘烤取直
3	钢筋下料剪切		钢筋下料长度应根据结构尺寸、混凝土保护层厚度，钢筋弯曲调整值和弯钩增加长度等要求确定。钢筋切断应根据配料表中编号、直径、长度和数量，长短搭配。 钢筋接头的切割方式应符合下列规定： （1）采用绑扎接头、帮条焊、搭接焊的接头宜用机械切断机切割。 （2）采用电渣压力焊的接头，应采用砂轮锯或气焊切割。 （3）采用冷挤压连接和螺纹连接的机械连接钢筋端头宜采用砂轮锯或钢锯片切割，不得采用电气焊切割。 （4）采用熔槽焊、窄间隙焊和气压焊连接的钢筋端头宜选用砂轮锯切割
4	钢筋接头加工及弯折		钢筋的弯折宜采用钢筋弯曲机加工，弯曲形状复杂的钢筋应画线、放样后进行
5	钢筋连接	方法	现场施工钢筋连接宜采用绑扎搭接、手工电弧焊、气压焊、竖向钢筋接触电渣焊和机械连接等
		接头布置	钢筋接头应分散布置，宜设置在受力较小处，同一构件中的纵向受力钢筋接头宜相互错开，结构构件中纵向受力钢筋的接头应相互错开 $35d$（d 为纵向受力钢筋的较大直径），且不小于 500mm。 配置在同一截面内的下述受力钢筋，其焊接与绑扎接头的截面面积占受力钢筋总截面面积的百分比，应符合下列规定： （1）绑扎接头，在构件的受拉区中不超过 25%，在受压区不宜超过 50%。 （2）闪光对焊、熔槽焊、电渣压力焊、气压焊、窄间隙焊接头在受弯构件的受拉区，不超过 50%，在受压区不受限制。 （3）焊接与绑扎接头距离钢筋弯头起点不小于 $10d$，也不应位于最大弯矩处。若两根相邻的钢筋接头中距在 500mm 以内或两绑扎接头的中距在绑扎搭接长度以内，均作为同一截面处理

考点 3　混凝土拌合与运输

混凝土拌合方式

序号	方式	内容
1	一次投料法（常用）	将砂、石、水、水泥同时加入搅拌筒中进行搅拌
2	二次投料法	分为预拌水泥砂浆及预拌水泥净浆法
3	水泥裹砂法	（1）砂子先经砂处理机，使表面含水率保持在 2% 左右。 （2）向拌合机加入砂和石子，加入一部分拌合水。 （3）加入水泥，开始拌合，在砂石表面裹上一层水泥浆膜，其水胶比控制在 0.15～0.35 范围内。 （4）最后加入剩余的拌合水和高效减水剂，直至拌合成均匀混凝土

混凝土拌合设备生产能力的确定

序号	因素	内容
1	生产率	(1) 每台拌合机的小时生产率可用每台拌合机每小时平均拌合次数与拌合机出料容量的乘积来计算确定。 (2) 拌合设备的小时生产能力可按混凝土月高峰强度计算确定
2	设备容量和台数	(1) 能满足同时拌制不同强度等级的混凝土。 (2) 拌合机的容量与集料最大粒径相适应。 (3) 考虑拌合、加水和掺合料以及生产干硬性或低坍落度混凝土对生产能力的影响。 (4) 拌合机的容量与运载重量和装料容器的大小相匹配。 (5) 适应施工进度，有利于分批安装，分批投产，分批拆除转移

混凝土运输方案

序号	项目		内容
1	运输方案	门、塔机运输方案	采用门、塔机浇筑混凝土可分为有栈桥和无栈桥方案
		缆机运输方案	缆机的塔架常安设于河谷两岸，通常布置在所浇建筑物外，故可提前安装，一次架设，在整个施工期间长期发挥作用
		辅助运输浇筑方案	常用的辅助运输浇筑方案有履带式起重机浇筑方案、汽车运输浇筑方案、皮带运输机浇筑方案、混凝土输送泵浇筑方案等
2	选择运输方案的原则		(1) 运输效率高，成本低，转运次数少，不易分离，质量容易保证。 (2) 起重设备能够控制整个建筑物的浇筑部位。 (3) 主要设备型号要少，性能良好，配套设备能使主要设备的生产能力充分发挥。 (4) 在保证工程质量前提下能满足高峰浇筑强度的要求。 (5) 除满足混凝土浇筑要求外，同时能最大限度地承担模板、钢筋、金属结构及仓面小型机具的吊运工作。 (6) 在工作范围内能连续工作，设备利用率高，不压浇筑块，或不因压块而延误浇筑工期

考点 4　混凝土浇筑与温度控制

混凝土浇筑与养护

序号	项目	内容
1	浇筑前的准备工作	基础面的处理；施工缝处理；模板、钢筋及预埋件安设；开仓前全面检查
2	入仓铺料	(1) 混凝土入仓铺料多用平浇法。 (2) 层间间歇超过混凝土初凝时间，会出现冷缝，使层间的抗渗、抗剪和抗拉能力明显降低。 (3) 分块尺寸和铺层厚度受混凝土运输浇筑能力的限制，若分块尺寸和铺层厚度已定，要使层间不出现冷缝，应采取措施增大运输浇筑能力。为避免砂浆流失、集料分离，此时宜采用低坍落度混凝土
3	平仓与振捣	平仓可用插入式振捣器插入料堆顶部振动，使混凝土液化后自行摊平，也可用平仓振捣机进行平仓振捣。 为了避免漏振，应使振点均匀排列，有序进行振捣。并使振捣器插入下层混凝土约5cm，以利上下层结合

序号	项目	内容
4	检查与养护	混凝土拆模后，应检查其外观质量。对混凝土强度或内部质量有怀疑时，可采取无损检测法（如回弹法、超声回弹综合法等）或钻孔取芯、压水试验等进行检查。 养护是保证混凝土强度增长，不发生开裂的必要措施，通常采用洒水养护或安管喷雾。对于已经拆模的混凝土表面，应用草垫等覆盖

大体积混凝土温控与监测

序号	项目	内容
1	原材料温度控制	（1）水泥运至工地的入罐或入场温度不宜高于65℃。 （2）应控制成品料仓内集料的温度和含水率，细集料表面含水率不宜超过6%，应采取下列主要措施： 1）成品料仓宜采用筒仓；料仓除有足够的容积外，宜维持集料不小于6m的堆料厚度，或取料温度不受日气温变幅的影响；细集料料仓的数量和容积应足够细集料脱水轮换使用。 2）料仓搭设遮阳防雨棚，粗集料可采取喷雾降温。 3）宜通过地垅取料，采用其他运料方式时应减少转运次数。 （3）拌合水储水池应有防晒设施，储水池至拌合楼的水管应包裹保温材料
2	混凝土生产过程温度控制	降低混凝土出机口温度宜采取下列措施： （1）常态混凝土的粗集料可采用风冷、浸水、喷淋冷水等预冷措施，碾压混凝土的粗集料宜采用风冷措施。采用风冷时冷风温度宜比集料冷却终温低10℃，且经风冷的集料终温不应低于0℃。喷淋冷水的水温不宜低于2℃。 （2）拌合楼宜采用加冰、加制冷水拌合混凝土。加冰时宜采用片冰或冰屑，常态混凝土加冰率不宜超过总水量的70%，碾压混凝土加冰率不宜超过总水量的50%。加冰时可适当延长拌合时间
3	混凝土运输和浇筑过程温度控制	（1）应提出混凝土运输及卸料时间要求；混凝土运输机具应采取隔热、保温、防雨等措施。应提出混凝土坯层覆盖时间要求；混凝土入仓后、初凝前应及时进行平仓、振捣或辗压。混凝土出拌合楼机口至振捣或辗压结束，温度回升值不宜超过5℃，且混凝土浇筑温度不宜大于28℃。 （2）混凝土平仓、振捣或碾压后，应及时覆盖聚乙烯泡沫塑料板、聚乙烯气垫薄膜、保温被等保温材料；浇筑或碾压上坯层混凝土时应揭去保温材料。 （3）浇筑仓内气温高于25℃时应采用喷雾措施，喷雾应覆盖整个仓面，雾滴直径应达到40~80μm，同时应防止混凝土表面积水。喷雾后仓内气温较仓外气温降低值不宜小于3℃。混凝土终凝后，可结束喷雾
4	浇筑后温度控制	（1）混凝土浇筑后温度控制宜采用冷却水管通水冷却、表面流水冷却、表面蓄水降温等措施。坝体有接缝灌浆要求时，应采用水管通水冷却方法。 （2）高温季节，常态混凝土终凝后可采用表面流水冷却或表面蓄水降温措施。表面流水冷却的仓面宜设置花管喷淋，形成表面流动水层；表面蓄水降温应在混凝土表面形成厚度不小于5cm的覆盖水层。 （3）坝高大于200m或温度控制条件复杂时，宜采用自动调节通水降温的冷却控制方法

碾压混凝土施工

序号	项目	内容
1	混凝土配合比设计的要求	(1) 掺合料掺量：应通过试验确定，掺量超过65%时，应做专门试验论证。 (2) 水胶比：应根据设计提出的混凝土强度、抗渗性、抗冻性和拉伸变形等要求确定水胶比，其值宜不大于0.65。 (3) 砂率：应通过试验选取最佳砂率值。使用天然砂石料时，三级配碾压混凝土的砂率为28%～32%，二级配时为32%～37%；使用人工砂石料时，砂率应增加3%～6%。 (4) 单位用水量：可根据碾压混凝土VC值、集料的种类及最大粒径、砂率、石粉含量、掺合料以及外加剂等选定。 (5) 外加剂：外加剂品种和掺量应通过试验确定
2	碾压施工的要求	碾压混凝土应采用大仓面薄层连续浇筑；铺筑方法宜采用平层通仓法，也可采用斜层平推法。 碾压混凝土铺筑层应以固定方向逐条带铺筑。 碾压作业宜采用搭接法，碾压条带间搭接宽度为10～20cm；端头部位搭接宽度宜为100cm左右。 连续上升铺筑的碾压混凝土，层间间隔时间应控制在直接铺筑允许时间内。超过直接铺筑允许时间的层面，应先在层面上铺垫层拌合物，再铺筑上一层碾压混凝土。超过了加垫层铺筑允许时间的层面应按施工缝处理
3	施工质量控制的要求	对于建筑物的外部混凝土，相对密实度不得小于98%；对于内部混凝土，相对密实度不得小于97%。 钻孔取样是评定碾压混凝土质量的综合方法。钻孔取样可在碾压混凝土达到设计龄期后进行。 钻孔取样评定的内容如下： (1) 芯样获得率：评价碾压混凝土的均质性。 (2) 压水试验：评定碾压混凝土抗渗性。 (3) 芯样的物理力学性能试验：评定碾压混凝土的均质性和力学性能。 (4) 芯样断口位置及形态描述：评价层间结合是否符合设计要求。 (5) 芯样外观描述：评定碾压混凝土的均质性和密实性

考点5 分缝与止水的施工要求

填料的安装方法

序号	安装方法	内容
1	先装法	是将填充材料用铁钉固定在模板内侧后，再浇筑混凝土，这样拆模后填充材料即可贴在混凝土上，然后立沉陷缝的另一侧模板和浇筑混凝土。如果沉降缝两侧的结构需要同时浇灌，则沉降缝的填充材料在安装时要竖立平直，浇筑时沉降缝两侧流态混凝土的上升高度要一致
2	后装法	是先在缝的一侧立模浇筑混凝土，并在模板内侧预先钉好安装填充材料的长铁钉数排，并使铁钉的1/3留在混凝土外面，然后安装填料、敲弯铁尖，使填料固定在混凝土面上，再立另一侧模板和浇筑混凝土

止水的施工

序号	项目	内容
1	水平止水	水平止水大都采用塑料（或橡胶）止水带
2	垂直止水	止水部分的金属片，重要部分用紫铜片，一般用铝片、镀锌铁皮或镀铜铁皮等

序号	项目	内容
3	接缝交叉的处理	止水交叉有两类：一是铅直交叉，二是水平交叉。 交叉处止水片的连接方式也可分为两种：一种是柔性连接，即将金属止水片的接头部分埋在沥青块体中；另一种是刚性连接，即将金属止水片剪裁后焊接成整体。在实际工程中可根据交叉类型及施工条件决定连接方式，铅直交叉常用柔性连接，而水平交叉则多用刚性连接

止水缝部位的混凝土浇筑

（1）水平止水片应在浇筑层的中间，在止水片高程处，不得设置施工缝。

（2）浇筑混凝土时，不得冲撞止水片，当混凝土将要淹没止水片时，应再次清除其表面污垢。

（3）振捣器不得触及止水片。

（4）嵌固止水片的模板应适当推迟拆模时间。

重力坝分缝分块

分缝	图示	分缝	图示
竖缝分块		斜缝分块	
错缝分块		通仓分块	

混凝土坝体的分缝形式

序号	项目	内容
1	横缝形式	（1）缝面不设键槽、不灌浆。 （2）缝面设竖向键槽和灌浆系统。 （3）缝面设键槽，但不进行灌浆
2	纵缝形式	竖缝、斜缝、错缝

混凝土坝体的分缝特点

序号	项目	内容
1	横缝分段	（1）横缝一般是自地基垂直贯穿至坝顶，在上、下游坝面附近设置止水系统。 （2）有灌浆要求的横缝，缝面一般设置竖向梯形键槽。 （3）不灌浆的横缝，接缝之间通常采用沥青杉木板、泡沫塑料板或沥青填充

序号	项目	内容
2	竖缝分块	(1) 竖缝分块，是用平行于坝轴线的铅直纵缝，把坝段分成为若干柱状体进行浇筑，又称柱状分块。施工中一般从上游到下游将一个坝段的几个柱状块体依次编号。这种分缝分块形式是我国使用最广泛的一种分缝分块形式。 (2) 为了恢复因纵缝而破坏的坝体整体性，纵缝须设置键槽，并进行接缝灌浆处理，或设置宽缝回填膨胀混凝土。 (3) 在施工中为了避免出现冷缝，块体大小必须与混凝土制备、运输和浇筑的生产能力相适应，即要保证在混凝土初凝时间内所浇的混凝土方量，必须等于或大于块体的一个浇筑层的混凝土方量。 (4) 采用竖缝分块时，纵缝间距越大，块体水平断面越大，则纵缝数目和缝的总面积越小。接缝灌浆及模板作业的工作量也就越少，但要求温控越严，否则可能引起裂缝。 (5) 浇块高度一般在3m以内
3	斜缝分块	(1) 斜缝分块，是大致沿坝体两组主应力之一的轨迹面设置斜缝。 (2) 斜缝分块的缝面上出现的剪应力很小，使坝体能保持较好的整体性，因此，斜缝可以不进行接缝灌浆。 (3) 斜缝不能直通到坝的上游面。在斜缝的终止处，应采取并缝措施，如布置骑缝钢筋，或设置并缝廊道，以免因应力集中导致斜缝沿缝尖端向上发展裂缝而贯穿。 (4) 斜缝分块，施工中要注意均匀上升和控制相邻块的高差。 (5) 斜缝分块，坝块浇筑的先后程序，有一定的限制，必须是上游块先浇，下游块后浇，不如纵缝分块在浇筑先后程序上的机动灵活
4	错缝分块	(1) 坝体尺寸较小，一般长8~14m，分层厚度1~4m。 (2) 缝面一般不灌浆，但在重要部位如水轮机蜗壳等重要部位需要骑缝钢筋，垂直缝和水平施工缝上必要时需设置键槽。 (3) 水平缝的搭接部分一般为层厚的1/3~1/2，且搭接部分的水平缝要求抹平，以减少坝块两端的约束

考点6　混凝土工程加固技术

混凝土表层损坏的加固

序号	项目	内容
1	水泥砂浆修补法	对凿毛、清洗过的湿润表面，用铁抹子将拌制好的砂浆抹到修补部位，反复压光、养护。当修补深度较大时，可掺适量砾料，以增强砂浆强度和减少砂浆干缩
2	预缩砂浆修补法	修补处于高流速区的表层缺陷，为保证强度和平整度，减少砂浆干缩，可采用预缩砂浆修补法。 修补时，对凿毛、清洗过的湿润表面，先涂一层水泥浆，然后再填入预缩砂浆，分层以木锤捣实，直至表面出现浆液为止。每次铺料层厚4~5cm，捣实后为2~3cm，层与层之间用硬刷刷毛，最后一层表面必须用铁抹子反复压实抹光，并与原混凝土接头平顺密实
3	喷浆修补法	喷浆修补法，有干料法和湿料法两种。工程中一般多用干料法。 当喷浆层较厚时，应分层喷射，每次喷射厚度，应根据喷射条件而定，仰喷为20~30mm，侧喷为30~40mm，俯喷为50~60mm。层间间歇时间为2~3h。每次喷射前先洒水，已凝固的应刷毛，保证层间结合牢固

序号	项目	内容
4	喷混凝土修补法	一次喷射层厚，一般不宜超过最大集料粒径（一般不大于25mm）的1.5倍
5	钢纤维喷射混凝土修补法	在施工中采用以下投料顺序：砂、石、钢纤维、水泥、外加剂、水。采用强制式搅拌机拌合。先加砂、石、钢纤维干拌，钢纤维逐渐洒散加入，再加入胶凝材料和外加剂干拌，最后加水湿拌。加料时不允许直接将钢纤维加到胶凝材料中，以防结团
6	压浆混凝土修补法	压浆混凝土与普通混凝土相比，具有收缩率小，拌合工作量小，可用于水下加固等优点
7	环氧材料修补法	用于混凝土表面修补的有环氧基液、环氧石英膏、环氧砂浆和环氧混凝土等

混凝土裂缝的类型、处理与修补

序号	项目		内容
1	类型		沉降缝、干缩缝、温度缝、应力缝和施工缝（竖向为主）
2	处理	目的	主要是为了恢复其整体性，保持混凝土的强度、耐久性和抗渗性
		一般要求	（1）一般裂缝宜在低水头或地下水位较低时修补，而且要在适宜于修补材料凝固的温度或干燥条件下进行。 （2）水下裂缝如果必须在水下修补时，应选用相应的材料和方法。 （3）对受气温影响的裂缝，宜在低温季节裂缝开度较大的情况下修补；对不受气温影响裂缝，宜在裂缝已经稳定的情况下选择适当的方法修补
3	修补	龟裂缝或开度小于0.5mm的裂缝	可在表面涂抹环氧砂浆或表面贴条状砂浆，有些缝可以表面凿槽嵌补或喷浆处理
		渗漏裂缝	可视情节轻重在渗水出口处进行表面凿槽嵌补水泥砂浆或环氧材料，有些需要进行钻孔灌浆处理
		沉降缝和温度缝	可用环氧砂浆贴橡皮等柔性材料修补，也可用钻孔灌浆或表面凿槽嵌补沥青砂浆或者环氧砂浆等方法处理
		施工（冷）缝	一般采用钻孔灌浆处理，也可采用喷浆或表面凿槽嵌补

混凝土结构失稳的加固方法

序号	项目	内容
1	外粘钢板加固法	（1）粘贴钢板部位的混凝土，其表层含水率不应大于4%。对含水率超限的混凝土和浇筑不满90d的混凝土应进行人工干燥处理。 （2）混凝土粘合面上胶前，应进行喷砂糙化或砂轮打磨处理，角部应打磨成圆弧状，糙化或打磨的纹路应均匀，且应尽量垂直于受力方向。 （3）钢板粘合面上胶前，应进行除锈、糙化和展平。 （4）拌合好的胶粘剂依次反复刮压在钢板和混凝土粘合面上，胶层厚度1～3mm。俯贴时，胶层宜中间厚、边缘薄；竖贴时，胶层宜上厚下薄；仰贴时，胶液的下垂度不应大于3mm。经检查胶粘剂无漏抹后即可将钢板与混凝土粘贴。 （5）钢板粘贴应均匀加压，顺序由钢板的一端向另一端加压，或由钢板中间向两端加压，不得由钢板两端向中间加压。

序号	项目	内容
1	外粘钢板加固法	（6）混凝土与钢板粘接的养护温度和固化时间按产品使用说明书的规定执行，若未作具体规定，一般不低于15℃时，固化24h后即可卸除夹具或支撑；72h后可进入下一工序。养护温度低于15℃时，应适当延长养护时间。养护温度低于5℃时，应采取人工升温措施
2	粘贴纤维复合材加固法	（1）纤维材料应为连续纤维，禁止在承重结构上使用单位面积质量大于300g/m² 的碳纤维织物或预浸法生产的碳纤维织物。 （2）裁剪好的碳纤维布不应折叠，应成卷状妥善保管；裁剪好的碳纤维板应平直存放，避免产生翘曲、变形。不得粘染上灰尘或油污。 （3）已粘贴纤维增强复合材料的构件周围，不得有持续1000℃以上的高温，严禁在粘贴表面焊接施工。 （4）经清理、修整后的混凝土结构、构件，其粘贴部位若有局部缺陷和裂缝应按设计要求进行灌缝或封闭处理；对有高差、错台及内转角的部位应打磨或抹成平滑的曲面；然后对粘贴表面进行打磨和糙化处理。 （5）沿纤维方向应使用特制滚筒在已贴好纤维的面上多次滚压，使胶液充分浸渍纤维织物，并使织物的铺层均匀压实，无气泡发生；多层粘贴纤维织物时，应在纤维织物表面所浸渍的胶液达到指干状态时立即粘贴下一层。若延误时间超过1h，则应等待12h后，方可重复上述步骤继续进行粘贴，但粘贴前应重新将织物粘合面上的灰尘擦拭干净。 （6）碳纤维布沿纤维受力方向的搭接长度不应小于100mm
3	植筋（锚栓）技术	（1）采用植筋锚固时，其锚固部位经凿除处理后混凝土面不应有缺陷，当有局部缺陷时，应先进行补强或加固处理后再植筋。 （2）钻孔植筋或锚栓前，应在植筋部位放线定位，避开受力主筋，在钻孔过程中遇到钢筋或预埋件时应立即停钻，并适当调整钻孔位置。 （3）当植筋时，应使用热轧带肋钢筋，不得使用光圆钢筋；当锚固件为钢螺栓时，应采用全螺纹的螺杆，不得采用锚入部位无螺纹的螺杆。 （4）锚孔应先用硬毛刷清孔，然后用洁净的压缩空气将孔内粉屑清除干净。植入孔内部分钢筋上的锈迹、油污应打磨清除干净。 （5）清孔后，当因故未能在规定时间内安装锚栓时，应随即暂时封闭锚孔，防止尘土、碎屑。 （6）注入胶粘剂时，应使用专门的灌注器进行灌注，灌注量应保证在植入钢筋后有少许胶粘剂溢出。 （7）植筋应在胶粘剂初凝前完成，否则，应拔掉钢筋立即清除失效的胶粘剂，按原步骤重新植筋。 （8）化学植筋的安装应根据锚固胶施用形态（管装式、机械注入式、现场配制式）和方向（向上、向下、水平）的不同采用相应的方法。化学植筋的焊接，应考虑焊接高温对胶的不良影响，采取有效的降温措施，离开基面的钢筋预留长度应不小于20d，且不小于200mm。 （9）化学锚栓在固化完成前，应按安装要求进行养护，固化期间禁止扰动。固化后不得进行焊接

2F313050　水利水电工程机电设备及金属结构安装工程

【考点图谱】

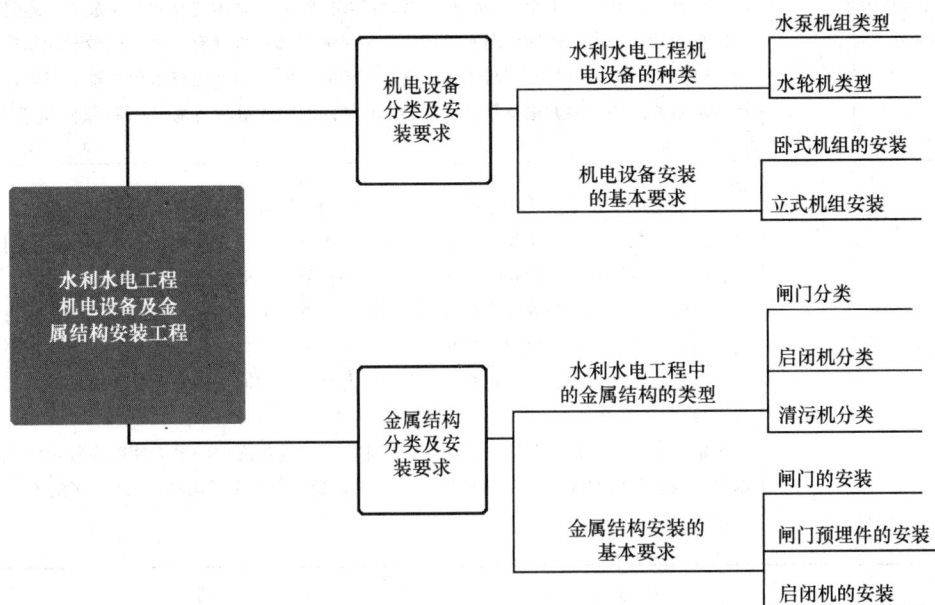

【考点精析】

考点1　机电设备分类及安装要求

水利水电工程机电设备的种类

序号	项目	内容
1	水泵机组	水泵机组包括水泵、动力机和传动设备。泵站工程中常用的水泵类型是叶片泵，属这一类的有离心泵、轴流泵和混流泵
2	水轮机	水轮机按水流能量的转换特征分为反击式和冲击式。反击式水轮机按转轮区内水流相对于主轴流动方向的不同分为混流式、轴流式、斜流式和贯流式。冲击式水轮机按射流冲击转轮的方向不同分为水斗式、斜击式和双击式

机电设备安装的基本要求

序号	项目		内容
1	卧式机组的安装	有底座机组安装	先将底座放于浇筑好的基础上，套上地脚螺栓和螺帽，调整位置，使底座的纵横中心位置和浇筑基础时所定的纵横中心线一致。若由于地脚螺栓的限制，不能调整好位置时，其误差不能超过±5mm。然后调水平，拧紧地脚螺母。机座安好后，再将水泵安装在机座上。而后安装动力机（电动机），当采用直接传动时，在动力机固定之前，应先进行同心度量测和调整，再进行轴向间隙量测和调整，两者反复进行，直到满足规定要求为止。最后固定动力机

53

序号	项目		内容
1	卧式机组的安装	无底座的大型水泵安装	先将水泵吊到基础上,与基础上的地脚螺栓对正并穿入泵体地脚螺孔使水泵就位。然后在水泵底脚的四角各垫一块楔形垫片,进行水泵的中心线校正、水平校正及标高校正。反复校正好后,再用水泥砂浆从缝口填塞进基础与泵体底脚间的空隙内。灌浆时为不使水泥砂浆流出,四周应用木板挡住,并保证内部不得存有空隙。待砂浆凝固后,拧紧地脚螺母。动力机的安装与水泵安装基本相同,即先将动力机吊到基础上就位,再采用与水泵相同的调整方法反复进行同心度和轴向间隙的量测与调整,最后进行灌浆固定
2	立式机组安装		立式机组的水泵是安装在专设的水泵梁上,动力机安装在水泵上方的电机梁上。中小型立式轴流泵机组安装流程是安装前准备、泵体就位、电机座就位、水平校正、同心校正、固定地脚螺栓、泵轴和叶轮安装、传动轴安装、电动机吊装、验收。 水平校正以电机座的轴承座平面为校准面,泵体以出水弯管上橡胶轴承座平面为校准面。一般是将方形水平仪放在校准面上,按水平要求调整机座下的垫片,直至水平。同心校正是校正电机座上传动轴孔与水泵弯管上泵轴孔的同心度,施工中通常称为找正或找平校正。 测量与调整传动轴、泵轴摆度,目的是使机组轴线各部位的最大摆度在规定的允许范围内。当测算出的摆度值不满足规定要求时,通常是采用刮磨推力盘底面的方法进行调整

考点 2 金属结构分类及安装要求

闸门分类

序号	划分依据	内容
1	按作用	(1) 工作闸门。 (2) 事故闸门。 (3) 检修闸门。 (4) 露顶闸门。 (5) 潜孔闸门
2	按结构形式	(1) 平面闸门(按行走支承方式和运行轨迹不同可分为平面定轮闸门、平面滑动闸门、平面链轮闸门、升卧式平面闸门、横拉式闸门和反钩式闸门等)。 (2) 弧形闸门(又分为竖轴弧形闸门、反向弧形闸门、偏心铰弧形闸门和充压式弧形闸门)。 (3) 人字闸门。 (4) 一字闸门、圆筒闸门。 (5) 环形闸门。 (6) 浮箱闸门等

启闭机的类型及表示方法

序号	项目	内容
1	分类	按结构形式分为固定卷扬式启闭机、液压启闭机、螺杆式启闭机、轮盘式启闭机、移动式启闭机(包括门式启闭机、桥式启闭机和台车式启闭机)等

序号	项目		内容
2	表示方法	卷扬式启闭机	Q P－ □ × □ － □ / □ 最大缠绕层数 扬程(m) 启闭力(kN) 吊点数（单吊点省略，双吊点为2） 平面闸门（或H弧形闸门） 启闭机
		螺杆式启闭机	Q L □ × □ － □ 驱动方式（S手动、SD手电、D电动） 启闭力(kN) 吊点数（单吊点省略，双吊点为2） 螺杆式 启闭机
		液压启闭机	Q P P Y □ － □ × □ － □ 工作行程(m) 启闭力(kN) 吊点数（单吊点省略，双吊点为2） 液压缸结构型式（Ⅰ柱塞式，Ⅱ活塞式） 液压传动 普通 平面闸门（或H弧形闸门） 启闭机

水利水电工程中金属结构安装的基本要求

序号	项目		内容
1	闸门	平面闸门安装	闸门放到门底坎、按照预埋件调整止水和支承导向部件、安装闸门拉杆、在门槽内试验闸门的提升和关闭、将闸门处于试验水头并投入试运行
		弧形闸门安装	吊装顺序：支臂吊装、穿铰轴、门叶吊装、门叶与支臂相连和附件安装。 由于运输条件的限制，需分件运至工地的闸门，为减少现场吊装工作量，在吊装前对主要构件进行预组装，或拼装成整体后吊装
		安装试验	闸门安装合格后，应在无水情况下做全行程启闭试验
2	闸门预埋件安装方法	预留二期混凝土	在建筑物大体积混凝土中，在安装闸门工作轨道、支承铰和预埋件的位置预留二期混凝土块，暂不浇筑混凝土，用于下一步在此处装配预埋件。在一期混凝土中，为固定预埋件，常将它的钢筋外露。 浇筑二期混凝土时，应采用较细集料混凝土，并细心捣固，不要振动已装好的金属构件。门槽较高时，不要直接从高处下料，可以分段安装和浇筑。二期混凝土拆模后，应对埋件进行复测，并作好记录，同时检查混凝土表面尺寸，清除遗留的杂物、钢筋头，以免影响闸门启闭
		不设二期混凝土	是在已完成的建筑物上安装预埋件，预埋件被牢固地固定在设计位置，同时装有闸墩钢筋，并且一次完成全部混凝土浇筑。为了使不设二期混凝土方法安装的预埋件整体刚度较好，要预先加固门槽结构件，使之具有一定的空间刚度。不设二期混凝土安装预埋件的另一种方法是将该预埋件临时固定预装在闸门上。当闸门在设计位置装配和定位后，把预埋件固定在闸门上并浇筑混凝土

序号	项目		内容
3	启闭机安装与试验	卷扬式启闭机 安装	（1）在水工建筑物混凝土浇筑时埋入机架基础螺栓和支承垫板，在支承垫板上放置调整用楔形板；保证基础螺栓埋设位置及螺栓伸出部分的长度满足安装要求。 （2）安装机架。按闸门实际起吊中心线找正机架的中心、水平、高程，拧紧基础螺母，浇筑基础二期混凝土，固定机架。 （3）在机架上安装、调试传动装置，包括：电动机、弹性联轴器、制动器、减速器、传动轴、齿轮联轴器、开式齿轮、轴承、卷筒等
		卷扬式启闭机 试验	启闭机空载运行前，应检查电气控制设备、电缆接线等，满足设计要求；试验时应在全行程往返3次，主要质量标准和要求有： （1）钢丝绳和动滑轮组任何部位均不得与其他部件或建筑物有摩擦。 （2）钢丝绳应有序逐层缠绕在卷筒上，不得挤叠或乱槽。 （3）多卷筒多层缠绕的启闭机，钢丝绳换层应同步。 启闭机的荷载试验应先将闸门在门槽内进行无水和静水条件下的试验，全行程升降各2次；试验经检查合格后，宜根据被启闭闸门的运行条件，按设计要求进行工作闸门启闭机的动水启闭试验、事故闸门启闭机的动水闭门和静水启门试验，全行程升降各2次；快速闸门启闭机应进行动水闭门试验
		螺杆式启闭机 安装	安装过程包括基础埋件的安装、启闭机安装和启闭机负荷试验。安装应按下列要求进行： （1）检查基础螺栓埋设位置及螺栓伸出部分的长度情况。 （2）机箱清洗后应注入新的润滑油，满足油位要求，其油封和结合面处不得漏油。 （3）检查启闭机平台的安装高程和水平偏差。 （4）检查启闭机各传动轴、轴承及齿轮的转动灵活性和啮合情况。 （5）检查螺杆的平直度；螺杆螺纹容易碰伤，要逐圈进行检查和修正；对双吊点的螺杆式启闭机，当两侧螺杆找正后，安装中间轴，最后把机座固定
		螺杆式启闭机 试验	空载试验，应在全行程内往返3次。 荷载试验，应将闸门在门槽内无水或静水中全行程启闭2次；动水启闭的工作闸门应进行动水启闭试验

2F313060　水利水电工程施工安全技术

【考点图谱】

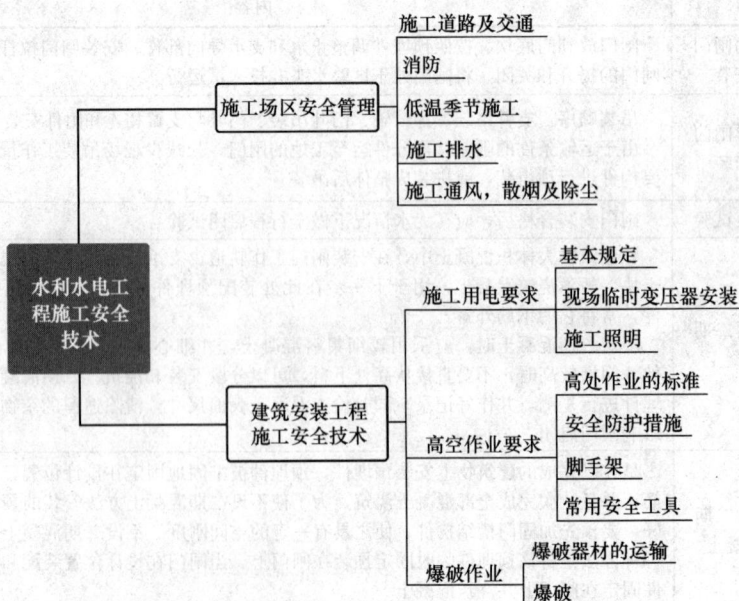

考点1　施工场区安全管理

施工道路及交通安全管理

序号	项目	内容
1	临时道路	施工生产区内机动车辆临时道路应符合道路纵坡不宜大于8%,进入基坑等特殊部位的个别短距离地段最大纵坡不得超过15%;道路最小转变半径不得小于15m;路面宽度不得小于施工车辆宽度的1.5倍,且双车道路面宽度不宜窄于7.0m,单车道不宜窄于4.0m。单车道应在可视范围内设有会车位置等要求
2	临时性桥梁	施工现场临时性桥梁,应根据桥梁的用途、承重载荷和相应技术规范进行设计修建,并符合宽度应不小于施工车辆最大宽度的1.5倍,人行道宽度应不小于1.0m,并应设置防护栏杆等要求
3	临时性跨越沟槽的便桥和边坡栈桥	(1) 基础稳固、平坦畅通。 (2) 人行便桥、栈桥宽度不得小于1.2m。 (3) 手推车便桥、栈桥宽度不得小于1.5m。 (4) 机动翻斗车便桥、栈桥,应根据荷载进行设计施工,其最小宽度不得小于2.5m。 (5) 设有防护栏杆
4	工作面、生产设备及设施	施工现场工作面、固定生产设备及设施处所等应设置人行通道,并符合宽度不小于0.6m等要求

消防安全管理

序号	项目	内容
1	消防通道	根据施工生产防火安全的需要,合理布置消防通道和各种防火标志,消防通道应保持通畅,宽度不得小于3.5m
2	施工生产作业区与建筑物之间的防火安全距离	(1) 用火作业区距所建的建筑物和其他区域不得小于25m。 (2) 仓库区、易燃、可燃材料堆集场距所建的建筑物和其他区域不小于20m。 (3) 易燃品集中站距所建的建筑物和其他区域不小于30m
3	加油站、油库	(1) 独立建筑,与其他设施、建筑之间的防火安全距离应不小于50m。 (2) 周围应设有高度不低于2.0m的围墙、栅栏。 (3) 库区内道路应为环形车道,路宽应不小于3.5m,并设有专门消防通道,保持畅通。 (4) 罐体应装有呼吸阀、阻火器等防火安全装置。 (5) 应安装覆盖库(站)区的避雷装置,且应定期检测,其接地电阻不大于10Ω。 (6) 罐体、管道应设防静电接地装置,接地网、线用40mm×4mm扁钢或φ10圆钢埋设,且应定期检测,其接地电阻不大于30Ω。 (7) 主要位置应设置醒目的禁火警示标志及安全防火规定标识。 (8) 应配备相应数量的泡沫、干粉灭火器和砂土等灭火器材。 (9) 应使用防爆型动力和照明电器设备。 (10) 库区内严禁一切火源、吸烟及使用手机。 (11) 工作人员应熟悉使用灭火器材和消防常识。 (12) 运输使用的油罐车应密封,并有防静电设施

序号	项目	内容
4	木材加工厂（场、车间）	(1) 独立建筑，与周围其他设施、建筑之间的安全防火距离不小于20m。 (2) 安全消防通道保持畅通。 (3) 原材料、半成品、成品堆放整齐有序，并留有足够的通道，保持畅通。 (4) 木屑、刨花、边角料等弃物及时清除，严禁置留在场内，保持场内整洁。 (5) 设有10m³以上的消防水池、消防栓及相应数量的灭火器材。 (6) 作业场所内禁止使用明火和吸烟。 (7) 明显位置设置醒目的禁火警示标志及安全防火规定标识

施工排水

序号	项目	内容
1	土方开挖排水	坡面开挖时，应根据土质情况，间隔一定高度设置戗台，台面横向应为反向排水坡，并在坡脚设置护脚和排水沟
2	石方开挖	(1) 一般建筑物基坑（槽）的排水，采用明沟或明沟与集水井排水时，应在基坑周围，或在基坑中心位置设排水沟，每隔30~40m设一个集水井。集水井应低于排水沟至少1m左右，井壁应做临时加固措施。 (2) 厂坝基坑（槽）深度较大，地下水位较高时，应在基坑边坡上设置2~3层明沟，进行分层抽排水。 (3) 大面积施工场区排水时，应在场区适当位置布置纵向深沟作为干沟，干沟沟底应低于基坑1~2m。 (4) 岸坡或基坑开挖应设置截水沟，截水沟距离坡顶安全距离不小于5m；明沟距道路边坡距离应不小于1m。 (5) 工作面积水、渗水的排水，应设置临时式集水坑，集水坑面积宜为2~3m²，深1~2m，并安装移动式水泵排水
3	边坡工程排水	(1) 周边截水沟，一般应在开挖前完成，截水沟深度及底宽不宜小于0.5m，沟底纵坡不宜小于0.5%；长度超过500m时，宜设纵排水沟，跌水或急流槽。 (2) 急流槽与跌水，急流槽的纵坡不宜超过1:1.5；急流槽过长时宜分段，每段不宜超过10m；土质急流槽纵度较大时，应设多级跌水。 (3) 边坡排水孔宜在边坡喷护之后施工，坡面上的排水孔宜上倾10%左右，孔深3~10m，排水管宜采用塑料花管。 (4) 挡土墙宜设有排水设施，防止墙后积水形成静水压力，导致墙体坍塌。 (5) 采用渗沟排除地下水措施时，渗沟顶部宜设封闭层，寒冷地区沟顶回填土层小于冻层厚度时，宜设保温层；渗沟施工应边开挖、边支撑、边回填，开挖深度超过6m时，应采用框架支撑；渗沟每隔30~50m或平面转折和坡度由陡变缓处宜设检查井
4	土质料场排水	宜采取截、排结合，以截为主的排水措施。对地表水宜在采料高程以上修截水沟加以拦截，对开采范围的地表水应挖纵横排水沟排出
5	基坑排水	(1) 采用深井（管井）排水方法时，应符合以下要求： ① 管井水泵的选用应根据降水设计对管井的降深要求和排水量来选择，所选择水泵的出水量与扬程应大于设计值的20%~30%； ② 管井宜沿基坑或沟槽一侧或两侧布置，井位距基坑边缘的距离应不小于1.5m，管理置的间距应为15~20m。 (2) 采用井点排水方法时，应满足以下要求： ① 井点布置应选择合适方式及地点； ② 井点管距坑壁不得小于1.0~1.5m，间距应为1.0~2.5m； ③ 滤管应埋在含水层内并较所挖基坑底低0.9~1.2m； ④ 集水总管标高宜接近地下水位线，且沿抽水水流方向有2‰~5‰的坡度

施工通风方式

序号	通风方式		内容
1	自然通风		适用于长度不超过 40m 的短洞
2	机械通风	压入式通风	通过风管将新鲜空气直接送至工作面，冲淡污浊空气，并经过洞身排至洞外。 优点：工作面集中的施工人员可以较快获得新鲜空气。 缺点：工作面的污浊空气扩散至全部洞身。竖井、斜井和短洞开挖宜采用
		吸出式通风	通过风管将工作面的污浊空气吸走并排至洞外，新鲜空气由洞身输入工作面。小断面长洞开挖宜采用。 优点：工作面的污浊空气能较快通过管道吸出，避免污浊空气扩散至全部洞身。 缺点：新鲜空气流到工作面比较慢，且易受到污染
		混合式通风	工作面经常性供风采用压入式，爆破后通风采用吸出式。大断面长洞开挖宜采用

考点 2　建筑安装工程施工安全技术

施工用电要求

序号	项目		内容
1	基本规定		(1) 施工单位应编制施工用电方案及安全技术措施。 (2) 从事电气作业的人员，应持证上岗；非电工及无证人员禁止从事电气作业。 (3) 从事电气安装、维修作业的人员应掌握安全用电基本知识和所用设备的性能，按规定穿戴和配备好相应的劳动防护用品，定期进行体检。 (4) 在建工程（含脚手架）的外侧边缘与外电架空线路的边线之间应保持安全操作距离。 (5) 旋转臂架式起重机的任何部位或被吊物边缘与 10kV 以下的架空线路边线最小水平距离不得小于 2m。 (6) 施工现场开挖非热管道沟槽的边缘与埋地外电缆沟槽边缘之间的距离不得小于 0.5m。 (7) 对达不到规定的最小距离的部位，应采取停电作业或增设屏障、遮拦、围栏、保护网等安全防护措施，并悬挂醒目的警示标志牌。 (8) 用电场所电器灭火应选择适用于电气的灭火器材，不得使用泡沫灭火器
2	施工照明	照明器具选择	(1) 正常湿度时，选用开启式照明器。 (2) 潮湿或特别潮湿的场所，应选用密闭型防水防尘照明器或配有防水灯头的开启式照明器。 (3) 含有大量尘埃但无爆炸和火灾危险的场所，应采用防尘型照明器。 (4) 对有爆炸和火灾危险的场所，应按危险场所等级选用相应的防爆型照明器。 (5) 在振动较大的场所，应选用防振型照明器。 (6) 对有酸碱等强腐蚀的场所，应采用耐酸碱型照明器。 (7) 照明器具和器材的质量均应符合有关标准、规范的规定，不得使用绝缘老化或破损的器具和器材
		列特殊场所应使用安全电压照明器选择	一般场所宜选用额定电压为 220V 的照明器，对下列特殊场所应使用安全电压照明器： (1) 地下工程，有高温、导电灰尘，且灯具离地面高度低于 2.5m 等场所的照明，电源电压应不大于 36V； (2) 在潮湿和易触及带电体场所的照明电源电压不得大于 24V； (3) 在特别潮湿的场所、导电良好的地面、锅炉或金属容器内工作的照明电源电压不得大于 12V
		行灯使用	(1) 电源电压不超过 36V。 (2) 灯体与手柄连接坚固、绝缘良好并耐热耐潮湿。 (3) 灯头与灯体结合牢固，灯头无开关。 (4) 灯泡外部有金属保护网。 (5) 金属网、反光罩、悬吊挂钩固定在灯具的绝缘部位上
		照明变压器	应使用双绕组型，严禁使用自耦变压器

<h1 style="text-align:center">高处作业的标准及安全防护措施</h1>

序号	项目		内容
1	高处作业的标准	概念	凡在坠落高度基准面加 2m 和 2m 以上有可能坠落的高处进行作业，均称为高处作业
		级别	(1) 一级高处作业：高度在 2～5m。 (2) 二级高处作业：高度在 5～15m。 (3) 三级高处作业：高度在 15～30m。 (4) 特级高处作业：高度在 30m 以上
		种类	高处作业的种类分为一般高处作业和特殊高处作业两种。其中特殊高处作业又分为以下几个类别：强风高处作业、异温高处作业、雪天高处作业、雨天高处作业、夜间高处作业、带电高处作业、悬空高处作业、抢救高处作业。一般高处作业系指特殊高处作业以外的高处作业
2	安全防护措施		(1) 高处作业下方或附近有煤气、烟尘及其他有害气体，应采取排除或隔离等措施，否则不得施工。 (2) 高处作业使用的脚手架平台，应铺设固定脚手板，临空边缘应设高度不低于 1.2m 的防护栏杆。 (3) 在坝顶、陡坡、屋顶、悬崖、杆塔、吊桥、脚手架以及其他危险边沿进行悬空高处作业时，临空面应搭设安全网或防护栏杆。 (4) 安全网应随着建筑物升高而提高，安全网距离工作面的最大高度不超过 3m。安全网搭设外侧比内侧高 0.5m，长面拉直拴牢在固定的架子或固定环上。 (5) 在 2m 以下高度进行工作时，可使用牢固的梯子、高凳或设置临时小平台，禁止站在不牢固的物件（如箱子、铁桶、砖堆等物）上进行工作。 (6) 从事高处作业时，作业人员应系安全带。高处作业的下方，应设置警戒线或隔离防护棚等安全措施。 (7) 上下脚手架、攀登高层构筑物，应走斜马道或梯子，不得沿绳、立杆或栏杆攀爬。 (8) 特殊高处作业，应有专人监护，并有与地面联系信号或可靠的通信装置。 (9) 高处作业周围的沟道、孔洞井口等，应用固定盖板盖牢或设围栏。 (10) 遇有六级及以上的大风，禁止从事高处作业。 (11) 进行三级、特级、悬空高处作业时，应事先制订专项安全技术措施。施工前，应向所有施工人员进行技术交底

<h1 style="text-align:center">脚手架</h1>

序号	项目	内容
1	一般规定	(1) 脚手架应根据施工荷载经设计确定，施工常规负荷量不得超过 3.0kPa。脚手架搭成后，须经施工及使用单位技术、质检、安全部门按设计和规范检查验收合格，方准投入使用。 (2) 高度超过 25m 和特殊部位使用的脚手架，应专门设计并报建设单位（监理）审核、批准，并进行技术交底后，方可搭设和使用
2	钢管材料脚手架应符合的要求	钢管外径应为 48.3mm，壁厚 3.6mm，有严重锈蚀、弯曲或裂纹的钢管不得使用

序号	项目	内容
3	脚手架安装搭设应符合的要求	（1）脚手架底脚扫地杆、水平横杆离地面距离为20～30cm。 （2）脚手架各节点应连接可靠，拧紧，各杆件连接处相互伸出的端头长度要大于10cm，以防杆件滑脱。 （3）外侧及每隔2～3道横杆设剪刀撑，排架基础以上12m范围内每排横杆均应设置剪刀撑。 （4）剪刀撑、斜撑等整体拉结件和连墙件与脚手架应同步设置，剪刀撑的斜杆与水平面的交角宜在45°～60°之间，水平投影宽度应不小于2跨或4m和不大于4跨或8m。 （5）脚手架与边坡相连处应设置连墙杆，每18m设一个点，且连墙杆的竖向间距应≤4m。 （6）脚手架相邻立杆和上下相邻平杆的接头应相互错开，应置于不同的框架格内。搭接杆接头长度，扣件式钢管排架应≥1.0m。 （7）钢管立杆、大横杆的接头应错开，搭接长度不小于50cm，承插式的管接头不得小于8cm，水平承插或接头应穿销，并用扣件连接，拧紧螺栓，不得用铁丝绑扎。 （8）脚手架的两端，转角处以及每隔6～7根立杆，应设剪刀撑及支杆，剪刀撑和支杆与地面的角度应不大于60°，支杆的底端埋入地下深度应不小于30cm。架子高度在7m以上或无法设支杆时，竖向每隔4m，水平每隔7m，应使脚手架牢固地连接在建筑物上
4	平台脚手板铺设应遵守的规定	（1）脚手板应满铺，与墙面距离不得大于20cm，不得有空隙和探头板。 （2）脚手板搭接长度不得小于20cm。 （3）对头搭接时，应架设双排小横杆，其间距不大于20cm，不得在跨度间搭接。 （4）在架子的拐弯处，脚手板应交叉搭接。 （5）脚手板的铺设应平稳，绑牢或钉牢，脚手板垫木应用木块，并且钉牢
5	拆除	（1）拆除架子前，应将电气设备及其他管、线路，机械设备等拆除或加以保护。 （2）拆除架子时，应统一指挥，按顺序自上而下地进行，严禁上下层同时拆除或自下而上地进行。严禁用将整个脚手架推倒的方法进行拆除。 （3）拆下的材料，禁止往下抛掷，应用绳索捆牢，用滑车卷扬等方法慢慢放下，集中堆放在指定地点。 （4）三级、特级及悬空高处作业使用的脚手架拆除时，应事先制定出安全可靠的措施才能进行拆除。 （5）拆除脚手架的区域内，无关人员禁止逗留和通过，在交通要道应设专人警戒

爆破作业要求

项目		内容
爆破器材的运输		（1）气温低于10℃运输易冻的硝化甘油炸药时，应采取防冻措施；气温低于－15℃运输难冻的硝化甘油炸药时，也应采取防冻措施。 （2）禁止用翻斗车、自卸汽车、拖车、机动三轮车、人力三轮车、摩托车和自行车等运输爆破器材。 （3）运输炸药雷管时，装车高度要低于车厢10cm。 （4）水路运输爆破器材，停泊地点距岸上建筑物不得小于250m。 （5）汽车运输爆破器材，汽车的排气管宜设在车前下侧，并应设置防火罩装置
明挖爆破音响信号规定	预告信号	间断鸣三次长声，即鸣30s、停、鸣30s、停、鸣30s，此时现场停止作业，人员迅速撤离
	准备信号	在预告信号20min后发布，间断鸣一长、一短三次，即鸣20s、鸣10s、停、鸣20s、鸣10s、停、鸣20s、鸣10s
	起爆信号	准备信号10min后发出，连续三短声，即鸣10s、停、鸣10s、停、鸣10s。
	解除信号	应根据爆破器材的性质及爆破方式，确定炮响后到检查人员进入现场所需等待的时间。检查人员确认安全后，由爆破作业负责人通知警报房发出解除信号：一次长声，鸣60s

项目		内容
作业要求	一般规定	地下相向开挖的两端在相距 30m 以内时，装炮前应通知另一端暂停工作，退到安全地点。 当相向开挖的两端相距 15m 时，一端应停止掘进，单头贯通。斜井相向开挖，除遵守上述规定外，并应对距贯通尚有 5m 长地段自上端向下打通
	火花起爆	（1）深孔、竖井、倾角大于 30°的斜井、有瓦斯和粉尘爆炸危险等工作面的爆破，禁止采用火花起爆。 （2）炮孔的排距较密时，导火索的外露部分不得超过 1.0m，以防止导火索互相交错而起火。 （3）一人连续单个点火的火炮，暗挖不得超过 5 个，明挖不得超过 10 个。 （4）当信号炮响后，全部人员应立即撤出炮区，迅速到安全地点掩蔽。 （5）点燃导火索应使用香或专用点火工具，禁止使用火柴、香烟和打火机
	电力起爆	（1）用于同一爆破网路内的电雷管，电阻值应相同。康铜桥丝雷管的电阻极差不得超过 0.25Ω，镍铬桥丝雷管的电阻极差不得超过 0.5Ω。 （2）网路中的支线、区域线和母线彼此连接之前各自的两端应短路、绝缘。 （3）装炮前工作面一切电源应切除，照明至少设于距工作面 30m 以外，只有确认炮区无漏电、感应电后，才可装炮。 （4）雷雨天严禁采用电爆网路。 （5）供给每个电雷管的实际电流应大于准爆电流。 （6）网路中全部导线应绝缘。 （7）测量电阻只许使用经过检查的专用爆破测试仪表或线路电桥。严禁使用其他电气仪表进行量测。 （8）通电后若发生拒爆，应立即切断母线电源，将母线两端拧在一起，锁上电源开关箱进行检查。进行检查的时间：对于即发电雷管，至少在 10min 以后；对于延发电雷管，至少在 15min 以后
	导爆索起爆	（1）导爆索只准用快刀切割，不得用剪刀剪断导火索。 （2）支线要顺主线传爆方向连接，搭接长度不应少于 15cm，支线与主线传爆方向的夹角应不大于 90°。 （3）起爆导爆索的雷管，其聚能穴应朝向导爆索的传爆方向。 （4）导爆索交叉敷设时，应在两根交叉导爆索之间设置厚度不小于 10cm 的木质垫板。 （5）连接导爆索中间不应出现断裂破皮、打结或打圈现象
	导爆管起爆	（1）用导爆管起爆时，应有设计起爆网路，并进行传爆试验。网路中所使用的连接元件应经过检验合格。 （2）禁止导爆管打结，禁止在药包上缠绕。网路的连接处应牢固，两元件应相距 2m，敷设后应严加保护，防止冲击或损坏。 （3）一个 8 号雷管起爆导爆管的数量不宜超过 40 根，层数不宜超过 3 层。 （4）只有确认网路连接正确，与爆破无关人员已经撤离，才准许接入引爆装置

2F320000 水利水电工程项目施工管理

2F320010 水利工程建设程序

【考点图谱】

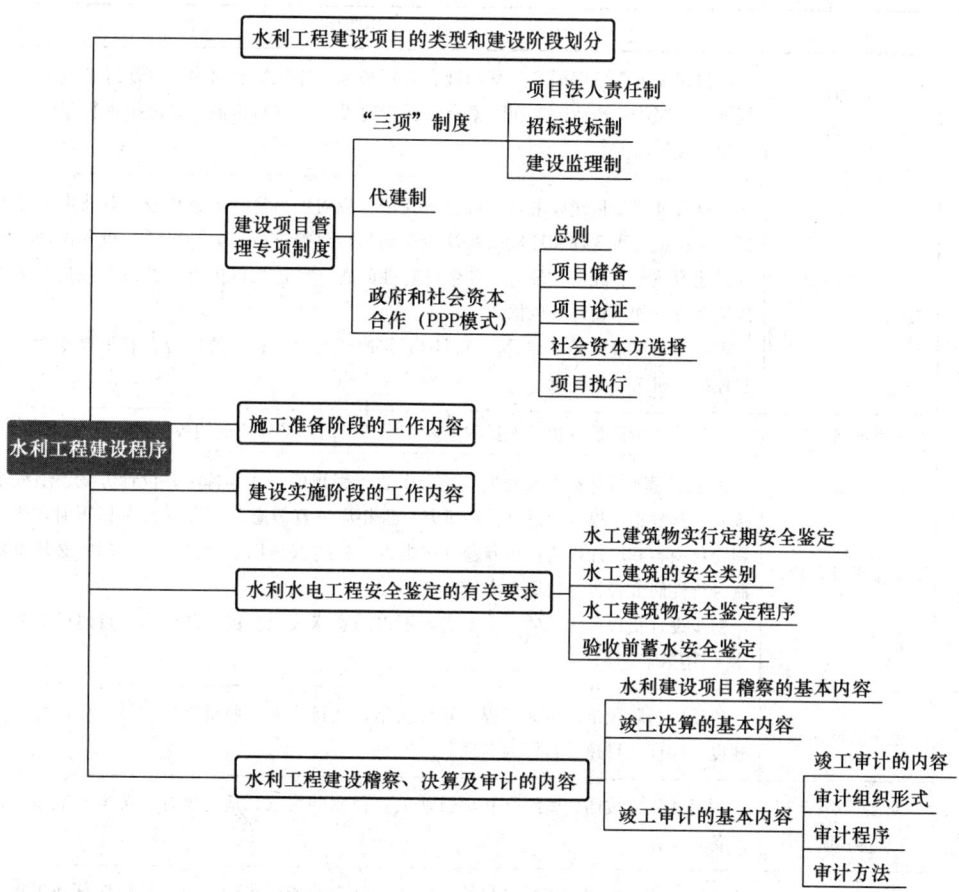

【考点精析】

考点1 水利工程建设项目的类型和建设阶段划分

水利工程建设程序

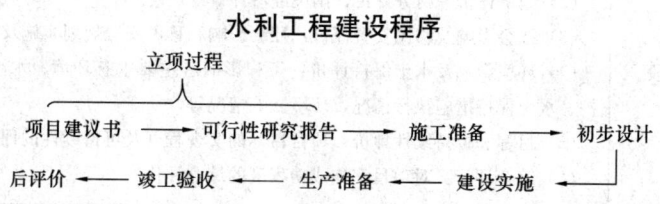

水利工程建设项目的分类

序号	分类依据	内容
1	功能和作用	公益性、准公益性和经营性
2	对社会和国民经济发展的影响	中央水利基本建设项目（简称中央项目）和地方水利基本建设项目
3	建设规模和投资额	大中型和小型项目

水利工程建设程序中各阶段的工作要求

序号	阶段	工作要求
1	项目建议书阶段	项目建议书应根据国民经济和社会发展规划、流域综合规划、区域综合规划、专业规划，按照国家产业政策和国家有关投资建设方针进行编制，是对拟进行建设项目提出的初步说明
2	可行性研究报告阶段	根据批准的项目建议书，可行性研究报告应对项目进行方案比较，对技术上是否可行、经济上是否合理和环境以及社会影响是否可控进行充分的科学分析和论证。解决项目建设技术、经济、环境、社会可行性问题。经过批准的可行性研究报告，是项目决策和进行初步设计的依据。 可行性研究报告经批准后，不得随意修改或变更，在主要内容上有重要变动，应经过原批准机关复审同意
3	施工准备阶段	施工准备阶段是指建设项目的主体工程开工前，必须完成的各项准备工作
4	初步设计阶段	由于工程项目基本条件发生变化，引起工程规模、工程标准、设计方案、工程量的改变，其静态总投资超过可行性研究报告相应估算静态总投资在15%以下时，要对工程变化内容和增加投资提出专题分析报告。超过15%以上（含15%）时，必须重新编制可行性研究报告并按原程序报批。 初步设计报告经批准后，主要内容不得随意修改或变更，并作为项目建设实施的技术文件基础
5	建设实施阶段	建设实施阶段是指主体工程的建设实施，项目法人按照批准的建设文件，组织工程建设，保证项目建设目标的实现
6	生产准备（运行准备）阶段	项目法人应按照建管结合和项目法人责任制的要求，适时做好有关生产准备（运行准备）工作
7	竣工验收阶段	竣工验收是工程完成建设目标的标志，是全面考核建设成果、检验设计和工程质量的重要步骤
8	后评价阶段	（1）过程评价：前期工作、建设实施、运行管理等。 （2）经济评价：财务评价、国民经济评价等。 （3）社会影响及移民安置评价：社会影响和移民安置规划实施及效果等。 （4）环境影响及水土保持评价：工程影响区主要生态环境、水土流失问题，环境保护、水土保持措施执行情况，环境影响情况等。 （5）目标和可持续性评价：项目目标的实现程度及可持续性的评价等。 （6）综合评价：对项目实施成功程度的综合评价

考点 2 建设项目管理专项制度

"三项"制度

序号	"三项"制度	内容
1	项目法人责任制	政府出资的水利工程建设项目：由县级以上人民政府或其授权的水行政主管部门或者其他部门负责组建项目法人。 政府与社会资本方共同出资的水利工程建设项目：由政府或其授权部门和社会资本方协商组建项目法人。 社会资本方出资的水利工程建设项目：由社会资本方组建项目法人，但组建方案需按照国家关于投资管理的法律法规及相关规定经工程所在地县级以上人民政府或其授权部门同意。 项目法人对工程建设的质量、安全、进度和资金使用负首要责任
2	招标投标制	是指通过招标投标的方式，选择水利工程建设的勘察设计、施工、监理、材料设备供应等单位
3	建设监理制	水利工程建设监理是指具有相应资质的水利工程建设监理单位，受项目法人（或建设单位）委托，按照监理合同对水利工程建设项目实施中的质量、进度、资金、安全生产、环境保护等进行的管理活动，包括水利工程施工监理、水土保持工程施工监理、机电及金属结构设备制造监理、水利工程建设环境保护监理。 水利工程建设项目依法实行建设监理。总投资 200 万元以上且符合下列条件之一的水利工程建设项目，必须实行建设监理： （1）关系社会公共利益或者公共安全的； （2）使用国有资金投资或者国家融资的； （3）使用外国政府或者国际组织贷款、援助资金的。 铁路、公路、城镇建设、矿山、电力、石油天然气、建材等开发建设项目的配套水土保持工程，符合前款规定条件的，应当按照水利部规定开展水土保持工程施工监理

水利工程监理单位资质分类与分级

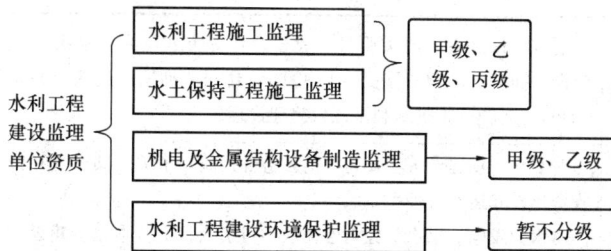

监理人员的工作原则

序号	项目	内容
1	工作原则	总监理工程师负责制
2	总监理工程师	总监理工程师负责全面履行监理合同约定的监理单位职责，发布有关指令，签署监理文件，协调有关各方之间的关系
3	监理工程师	监理工程师在总监理工程师授权范围内开展监理工作，具体负责所承担的监理工作，并对总监理工程师负责
4	监理员	监理员在监理工程师或者总监理工程师授权范围内从事监理辅助工作

代建制

序号	项目	内容
1	代建管理	水利工程建设项目代建制为建设实施代建，代建单位对水利工程建设项目施工准备至竣工验收的建设实施过程进行管理。代建单位按照合同约定，履行工程代建相关职责，对代建项目的工程质量、安全、进度和资金管理负责。地方政府负责协调落实地方配套资金和征地移民等工作，为工程建设创造良好的外部环境
2	代建单位应具备条件	（1）具有独立的事业或企业法人资格。 （2）具有满足代建项目规模等级要求的水利工程勘测设计、咨询、施工总承包一项或多项资质以及相应的业绩；或者是由政府专门设立（或授权）的水利工程建设管理机构并具有同等规模等级项目的建设管理业绩；或者是承担过大型水利工程项目法人职责的单位。 （3）具有与代建管理相适应的组织机构、管理能力、专业技术与管理人员。 拟实施代建制的项目应在可行性研究报告中提出实行代建制管理的方案，经批复后在施工准备前选定代建单位。代建单位由项目主管部门或项目法人（简称项目管理单位）负责选定

PPP 项目储备

序号	项目	内容
1	PPP 项目库	项目合作期低于 10 年及没有现金流，或通过保底承诺、回购安排等方式违法违规融资、变相举债的项目，不纳入 PPP 项目库
2	项目实施机构	水利 PPP 项目由项目所在地县级以上人民政府授权的部门或单位作为实施机构。 项目实施机构在授权范围内负责水利 PPP 项目实施方案编制、社会资本方选择、项目合同签署、项目组织实施和合作期满项目移交等工作

PPP 项目论证

序号	项目		内容
1	合作方式	分类选择合作模式	通过特许经营、购买服务、股权合作等方式，灵活采用建设—运营—移交（BOT）、建设—拥有—运营—移交（BOOT）、建设—拥有—运营（BOO）、移交—运营—移交（TOT）等模式推进水利基础设施建设运营
		综合利用水利枢纽	对水库大坝建设等涉及防洪的公益性模块，事关公共安全和公众利益，应以政府为主投资建设和运营管理。 对水力发电、供水等经营性模块，可引入社会资本投资建设运营，落实水价、电价等政策，政府和社会资本按照出资比例依法享有权益
		供水、灌溉类项目	水费收入能够完全覆盖投资成本的项目，应采用"使用者付费"模式。 水费收入不足以完全覆盖投资成本的项目，可采用"使用者付费＋可行性缺口补贴"模式；也可根据项目实际情况，在一定期限内采用"使用者付费＋可行性缺口补贴"模式，逐步过渡到"使用者付费"模式，确保工程良性运行
		防洪治理、水生态修复类项目	在加大政府投入的同时，充分利用水土资源条件，鼓励通过资产资源匹配、其他收益项目打捆、运行管护购买服务等方式，吸引社会资本参与建设运营。对于智慧水利建设，可采取政府购买服务、政府授权企业投资运营等方式

序号	项目	内容
2	PPP项目 实施方案	纳入PPP项目库及年度实施计划的水利PPP项目，由实施机构组织编制PPP项目实施方案。实施方案可以单独编制，也可在项目可行性研究报告或项目申请报告中包括PPP项目实施专章。 　　按程序通过立项的水利PPP项目，及时将项目实施方案报地方政府或经授权的主管部门审核审批，并按要求开展物有所值评价、财政承受能力论证。项目实施方案应与经批准的可行性研究报告、核准文件、备案信息保持一致
3	PPP项目 合同草案	水利PPP项目实施机构依据经批准的实施方案，组织起草PPP项目合同草案

社会资本方选择

序号	项目	内容
1	选择方式	项目实施机构可依法采用公开招标、邀请招标、竞争性谈判等方式。其中，拟由社会资本方自行承担工程项目勘察、设计、施工、监理以及与工程建设有关的重要设备、材料等采购的，按照《中华人民共和国招标投标法》规定，必须通过招标的方式选择社会资本方
2	选择程序	(1) 准备社会资本方遴选的相关法律文本，包括资格预审文件、招标文件等。 　　(2) 资格预审。 　　(3) 确认谈判。 　　(4) 签署水利PPP项目合同

PPP项目执行

序号	项目	内容
1	成立项目公司	社会资本方与项目实施机构签署水利PPP项目合同后，按约定在规定期限内成立项目公司（项目法人，下同），负责项目建设与运营管理。 　　项目公司可由社会资本方单独出资建，也可由政府授权单位（不包括项目实施机构）与社会资本方共同出资组建，作为水利PPP项目的直接实施主体
2	合同签署与实施	项目公司成立后，由项目实施机构与项目公司签署水利PPP项目合同，或签署关于承继此前PPP项目合同的补充合同。合同签订前，要对项目可能产生的政策风险、商业风险、环境风险、法律风险等进行充分论证。 　　项目实施机构、相关政府部门根据水利PPP项目合同和有关规定，对项目公司履行PPP项目建设与运行管理责任进行监管
3	项目续约与 项目移交	水利PPP项目合作期满后，如需继续合作的，原合作方有优先续约权。合同约定期满移交的，及时组织开展项目移交工作，由项目公司按照约定的形式、内容和标准，将项目资产无偿移交指定的政府部门
4	项目后评价及 信息公开	水利PPP项目移交完成后，政府有关主管部门可组织对项目开展后评价。评价结果及时反馈给项目利益相关方，并按有关规定公开。 　　除涉及国家秘密、商业秘密外，地方政府相关部门依法公开水利PPP项目入库、社会资本方选择、项目合同订立、工程建设进展、运营绩效等信息

考点3　施工准备阶段的工作内容

施工准备阶段的主要工作

（1）施工现场的征地、拆迁。

（2）完成施工用水、电、通信、路和场地平整等工程。

（3）必需的生产、生活临时建筑工程。

（4）实施经批准的应急工程、试验工程等专项工程。

（5）组织招标设计、咨询、设备和物资采购等服务。

（6）组织相关监理招标，组织主体工程招标准备工作。

水利工程建设项目施工准备开工条件

（1）项目可行性研究报告已经批准，环境影响评价文件等已经批准，年度投资计划已下达或建设资金已落实。

（2）项目法人即可开展施工准备，开工建设。

考点4　建设实施阶段的工作内容

建设实施阶段的主要工作

序号	项目	内容
1	关于主体工程开工规定	水利工程具备开工条件后，主体工程方可开工建设。项目法人或建设单位应当自工程开工之日起15个工作日之内，将开工情况的书面报告报项目主管单位和上一级主管单位备案
2	合同履行	（1）项目法人要建立严格的现场协调或调度制度。 （2）监理单位受项目法人的委托，按照合同规定在现场独立负责项目的建设工期、质量、投资的控制和现场施工的组织协调工作。 （3）设计单位应按照合同及时提供施工详图，并确保设计质量。施工详图经监理单位审核后交施工单位施工。 （4）施工单位要加强施工管理，严格履行签订的施工合同
3	安全责任	要按照"政府监督、项目法人负责、社会监理、企业保证"的要求，建立健全质量管理体系。 水利工程质量由项目法人（建设单位）负全面责任。监理、施工、设计单位按照合同及有关规定对各自承担的工作负责

水利设计变更

设计变更	类别	内容
重大设计变更	工程任务	工程防洪、治涝、灌溉、供水、发电等主要设计任务的变化和调整
	工程规模	（1）水库总库容、防洪库容、死库容、调节库容的变化。 （2）正常蓄水位、汛期限制水位、防洪高水位、死水位、设计洪水位、校核洪水位，以及分洪水位、挡潮水位等特征水位的变化。 （3）供水、灌溉及排水工程的范围、面积、工程布局发生重大变化；干渠（管）及以上工程设计流量、设计供（引、排）水量发生重大变化。 （4）大中型电站或泵站的装机容量发生重大变化。 （5）河道治理、堤防及蓄滞洪区工程中河道及堤防治理范围、治导线形态和宽度、整治流量，蓄滞洪区及安全区面积、容量、数量，分洪工程规模等发生重大变化

设计变更	类别		内容
重大设计变更	工程等级及设计标准		(1) 工程防洪标准、除涝（治涝）标准的变化。 (2) 工程等别、主要建筑物级别的变化。 (3) 主要建筑物洪水标准、抗震设计等安全标准的变化
	工程布置及建筑物	水库、水闸工程	(1) 挡水、泄水、引（供）水、过坝等主要建筑物位置、轴线、工程布置、主要结构型式的变化。 (2) 主要挡水建筑物高度、防渗型式、筑坝材料和分区设计、结构设计的重大变化。 (3) 主要泄水建筑物设计、消能防冲设计的重大变化。 (4) 引水建筑物进水口结构设计的重大变化。 (5) 主要建筑物基础处理方案、重要边坡治理方案的重大变化
		电站、泵站工程	(1) 主要建筑物位置、轴线的重大变化。 (2) 厂区布置、主要建筑物组成的重大变化。 (3) 电（泵）站主要建筑物型式、基础处理方案的重大变化。 (4) 重要边坡治理方案的重大变化
		供水、灌溉及排水工程	(1) 水源、取水方式及输水方式的重大变化。 (2) 干渠（线）及以上工程线路、主要建筑物布置及结构型式，以及建筑物基础处理方案、重要边坡治理方案的重大变化。 (3) 干渠（线）及以上工程有压输水管道管材、设计压力及调压设施的重大变化
		堤防工程及蓄滞洪区工程	(1) 堤线及建筑物布置、堤顶高程的重大变化。 (2) 堤防防渗型式、筑堤材料、结构设计、护岸和护坡型式的重大变化。 (3) 对堤防安全有影响的交叉建筑物设计方案的重大变化。 (4) 防洪以及安全建设工程型式、分洪工程型式的重大变化
	机电及金属结构	水力机械	(1) 水电站水轮机型式、布置型式、台数的变化。 (2) 大中型泵站水泵型式、布置型式、台数的变化。 (3) 压力输水系统调流调压设备型式、数量的重大变化
		电气工程	(1) 出线电压等级在 110kV 及以上的电站接入电力系统接入点、主接线型式、进出线回路数以及高压配电装置型式变化。 (2) 110kV 以上电压等级的泵站供电电压、主接线型式、进出线回路数、高压配电装置型式变化。 (3) 大型泵站高压主电动机型式、起动方式的变化
		金属结构	(1) 具有防洪、泄水功能的闸门工作性质、闸门门型、布置方案、启闭设备型式的重大变化。 (2) 电站、泵站等工程应急闸门工作性质、闸门门型、布置方案、启闭设备型式的重大变化。 (3) 导流封堵闸门的门型、结构、布置方案的重大变化
	施工组织设计		(1) 水库枢纽和水电站工程的混凝土骨料、土石坝填筑料、工程回填料料源发生重大变化。 (2) 水库枢纽工程主要建筑物的导流建筑物级别、导流标准及导流方式的重大变化
一般设计变更			重大设计变更以外的其他设计变更，为一般设计变更

考点5 水利水电工程安全鉴定的有关要求

水利水电工程安全鉴定的有关要求

序号	项目		内容
1	水工建筑物实行定期安全鉴定		(1) 水闸首次安全鉴定应在竣工验收后5年内进行，以后应每隔10年进行一次全面安全鉴定。 (2) 水库大坝实行定期安全鉴定制度，首次安全鉴定应在竣工验收后5年内进行，以后应每隔6～10年进行一次。 (3) 水工建筑物运行中遭遇特大洪水、强烈地震、工程发生重大事故或出现影响安全的异常现象后，应组织专门的安全鉴定。 (4) 闸门等单项工程达到折旧年限，应按有关规定和规范适时进行单项安全鉴定
2	水工建筑的安全类别	水闸	一类闸：运用指标能达到设计标准，无影响正常运行的缺陷，按常规维修养护即可保证正常运行。 二类闸：运用指标基本达到设计标准，工程存在一定损坏，经大修后，可达到正常运行。 三类闸：运用指标达不到设计标准，工程存在严重损坏，经除险加固后，才能达到正常运行。 四类闸：运用指标无法达到设计标准，工程存在严重安全问题，需降低标准运用或报废重建
		大坝	一类坝：实际抗御洪水标准达到《防洪标准》GB 50201—2014规定，大坝工作状态正常；工程无重大质量问题，能按设计正常运行的大坝。 二类坝：实际抗御洪水标准不低于部颁水利枢纽工程除险加固近期非常运用洪水标准，但达不到《防洪标准》GB 50201—2014规定；大坝工作状态基本正常，在一定控制运用条件下能安全运行的大坝。 三类坝：实际抗御洪水标准低于部颁水利枢纽工程除险加固近期非常运用洪水标准，或者工程存在较严重安全隐患，不能按设计正常运行的大坝

水工建筑物安全鉴定程序

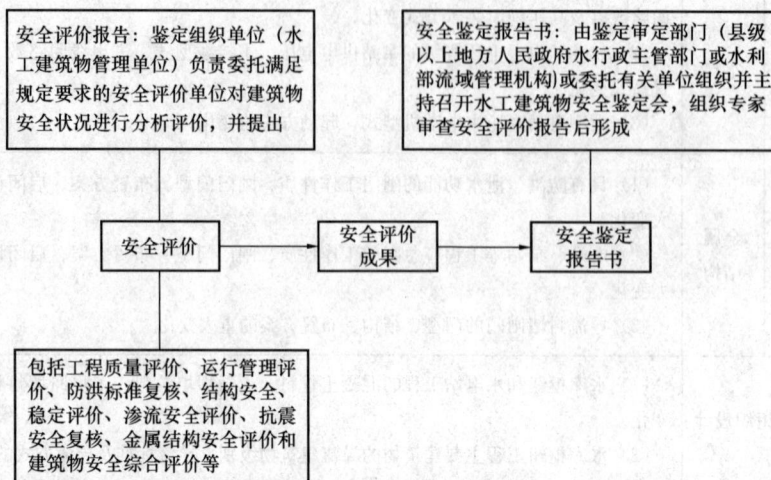

安全评价报告：鉴定组织单位（水工建筑物管理单位）负责委托满足规定要求的安全评价单位对建筑物安全状况进行分析评价，并提出

安全鉴定报告书：由鉴定审定部门（县级以上地方人民政府水行政主管部门或水利部流域管理机构）或委托有关单位组织并主持召开水工建筑物安全鉴定会，组织专家审查安全评价报告后形成

安全评价 → 安全评价成果 → 安全鉴定报告书

包括工程质量评价、运行管理评价、防洪标准复核、结构安全、稳定评价、渗流安全评价、抗震安全复核、金属结构安全评价和建筑物安全综合评价等

验收前蓄水安全鉴定

序号	项目	内容
1	蓄水安全鉴定的组织	项目法人认为工程符合蓄水安全鉴定条件时，可决定组织蓄水安全鉴定。蓄水安全鉴定，由项目法人委托具有相应鉴定经验和能力的单位承担，与之签订蓄水安全鉴定合同，并报工程验收主持单位核备。接受委托负责蓄水安全鉴定的单位（即鉴定单位）应成立专家组，并将专家组组成情况报工程验收主持单位和相应的水利工程质量监督部门核备
2	蓄水安全鉴定工作的任务	是对与蓄水安全有关的工程设计、施工、设备制造与安装的质量进行检查，对影响工程安全的因素进行评价，提出蓄水安全鉴定意见，明确是否具备蓄水验收的条件
3	蓄水安全鉴定的范围	蓄水安全鉴定的范围包括挡水建筑物、泄水建筑物、引水建筑物进水口工程、涉及蓄水安全的库岸和边坡等有关工程项目
4	蓄水安全鉴定工作的重点	蓄水安全鉴定工作的重点是检查工程设计、施工、设备制造与安装是否存在影响工程蓄水安全的因素，以及工程建设期发现的影响工程安全的问题是否得到妥善解决，并提出工程安全评价意见。对不符合有关技术标准、设计文件并涉及工程安全的问题，应分析其影响程度，并提出评价意见；对鉴定发现的符合设计文件、但可能对安全运行构成隐患的问题，也应对其进行分析和评价

考点6 水利工程建设稽察、决算及审计的内容

水利建设项目稽察的基本内容

序号	项目	内容
1	稽察内容	主要包括前期与设计、建设管理、计划管理、建设资金使用与管理、质量管理（包括质量管理体系与行为、工程实体质量2个方面）、安全管理（包括安全管理体系、风险管控与事故隐患排查、安全技术管理、现场作业安全管理、防洪度汛、应急与事故管理等6个方面）等6个专业内容
2	稽察报告	稽察工作的主要成果是稽察报告。稽察报告（交换意见稿）经专家组长、稽察组长先后审定后，稽察组全员对稽察报告签字确认

竣工决算与竣工审计

序号	项目		内容
1	竣工决算的基本内容		水利基本建设项目竣工财务决算由项目法人（或项目责任单位）组织编制。 项目法人的法定代表人对竣工财务决算的真实性、完整性负责。 竣工财务决算应按大中型、小型项目分别编制。项目规模以批复的设计文件为准。设计文件未明确的，非经营性项目投资额在3000万元（含3000万元）以上、经营性项目投资额在5000万元（含5000万元）以上的为大中型项目；其他项目为小型项目。建设项目未完工程投资及预留费用可预计纳入竣工财务决算。大中型项目应控制在总概算的3%以内，小型项目应控制在5%以内
2	竣工审计	基本内容	竣工决算审计在项目正式竣工验收之前必须进行。 竣工决算审计是指水利基本建设项目（以下简称建设项目）竣工验收前，水利审计部门对其竣工决算的真实性、合法性和效益性进行的审计监督和评价。 水利工程基本建设项目竣工决算审计具体包括：建设项目批准及建设管理体制审计；项目投资计划、资金来源及概算执行审计；基本建设支出审计；土地征用及移民安置资金管理使用审计；未完工程投资及预留费用审计；交付使用资产审计；基建收入审计；建设项目竣工决算时资金构成审计；竣工财务决算编制审计；招标、投标及政府采购审计；合同管理审计；建设监理审计；财务管理审计；历次审计检查审计等14个方面

序号	项目		内容
2	竣工审计	组织主体	建设项目竣工验收主持单位的水利审计部门是其竣工决算审计的审计主体
		组织形式	水利审计部门在开展竣工决算审计时，应根据实际情况确定审计组织形式，可分为自行开展和委托社会审计机构两种形式
		程序	(1) 审计准备阶段（包括审计立项、编制审计实施方案、送达审计通知书等环节）。 (2) 审计实施阶段（包括收集审计证据、编制审计工作底稿、征求意见等环节）。 (3) 审计报告阶段（包括出具审计报告、审计报告处理、下达审计结论等环节）。 (4) 审计终结阶段（包括整改落实和后续审计等环节）
		方法	审计方法应包括详查法、抽查法、核对法、调查法、分析法、其他方法等。其中其他方法包括： (1) 按照审查书面资料的技术，可分为审阅法、复算法、比较法等。 (2) 按照审查资料的顺序，可分为逆查法和顺查法等。 (3) 实物核对的方法，可分为盘点法、调节法和鉴定法等

2F320020 水利水电工程施工组织设计

【考点图谱】

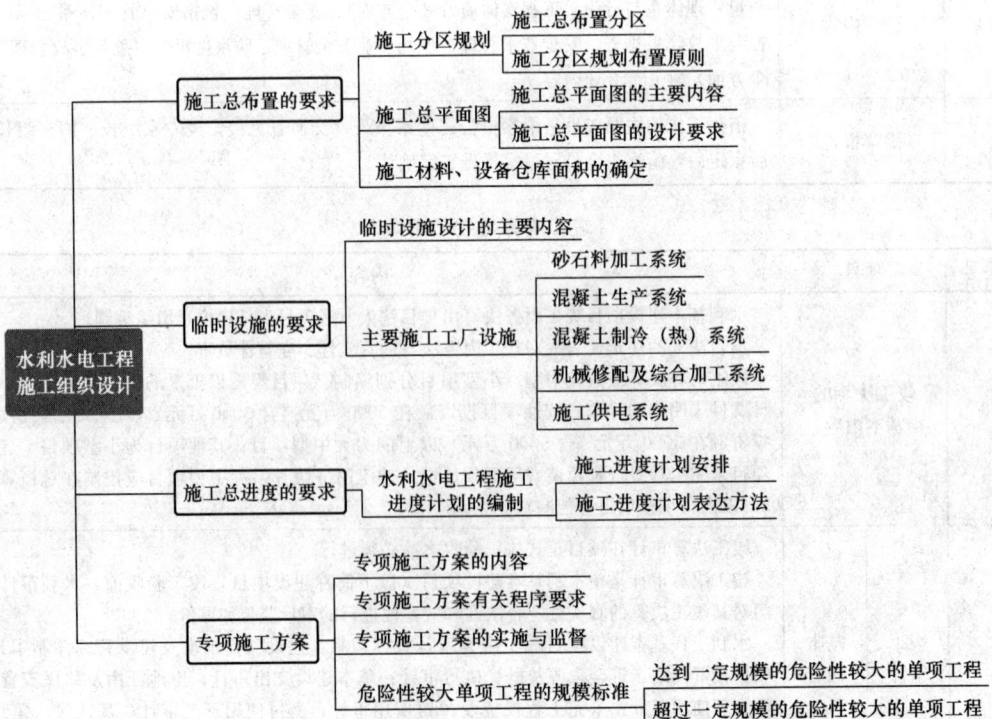

【考点精析】

考点 1　施工总布置的要求

施工分区规划

序号	项目	内容
1	施工总布置分区	(1) 主体工程施工区。 (2) 施工工厂设施区。 (3) 当地建材开采和加工区。 (4) 仓库、站、场、厂、码头等储运系统。 (5) 机电、金属结构和大型施工机械设备安装场地。 (6) 工程存、弃料堆放区。 (7) 施工管理及生活营区。 (8) 工程建设管理及生活区
2	布置原则	(1) 应按对外交通运输方案，拟定场内、外交通连接方式，拟定车站、码头和各施工区的位置，并确定场内永久交通主干线走向。 (2) 应根据建筑物布置、施工导流特点和当地建筑材料产地，以及工程主要土石方和混凝土运输流向，结合场地分布情况拟定场内主要交通干线。 (3) 以混凝土建筑物为主的枢纽工程，施工区布置宜以砂、石料的开采、加工和混凝土的拌合、浇筑系统为主；以当地材料坝为主的枢纽工程，施工布置宜以土石料采挖和加工、堆料场和上坝运输线路为主。 (4) 机电设备、金属结构安装场地宜靠近主要安装地点。 (5) 工程建设管理区宜结合生产运行和工程建设管理需要统筹规划，场地应具有良好的外部环境，且交通方便，避免施工干扰。 (6) 主要物资仓库、站场等储运系统宜布置在场内外交通衔接处。外来物资的转运站远离施工区时，应按独立系统设置仓库、堆场、道路、管理及生活设施。 (7) 施工管理及生活营区的布置应考虑风向、日照、噪声、水源水质等因素，其生活设施与生产设施之间应有明显的界限。 (8) 施工分区规划布置考虑施工活动对周围环境的影响，避免噪声、粉尘等污染对敏感区（如学校、住宅区等）的危害。 (9) 火工材料、油料等特种材料仓库布置应符合国家有关安全标准的规定。 (10) 施工工厂、站场和仓库的建筑标准应满足生产工艺流程、技术要求及有关安全规定，宜采用定型化、标准化和装配式结构。

施工总平面图

序号	项目	内容
1	主要内容	(1) 施工用地范围。 (2) 一切地上和地下的已有和拟建的建筑物、构筑物及其他设施的平面位置与外轮廓尺寸。 (3) 永久性和半永久性坐标位置，必要时标出建筑场地的等高线。 (4) 场内取土和弃土的区域位置。 (5) 为施工服务的各种临时设施的位置

序号	项目	内容
2	设计要求	（1）在保证施工顺利进行的前提下，尽量少占耕地。 （2）临时设施最好不占用拟建永久性建筑物和设施的位置。 （3）在满足施工要求的前提下，最大限度地降低工地运输费。 （4）在满足施工需要的条件下，临时工程的费用应尽量减少。 （5）工地上各项设施应尽量使工人在工地上因往返而损失的时间最少，应合理规划行政管理及文化福利用房的相对位置，并考虑卫生、防火安全等方面的要求。 （6）遵循劳动保护和安全生产等要求

考点 2　临时设施的要求

主要施工工厂设施

序号	项目	内容
1	砂石料加工系统	砂石加工系统设计中应采取除尘、降低或减少噪声措施以及废水处理措施。砂石加工生产过程中产生的弃渣应运至指定地点堆存
2	混凝土生产系统	根据设计进度计算的高峰月浇筑强度，计算混凝土浇筑系统单位小时生产能力可按下式计算： $$P = K_h Q_m / (MN)$$ 式中　P——混凝土系统所需小时生产能力（m³/h）； 　　　Q_m——高峰月混凝土浇筑强度（m³/h）； 　　　M——月工作日数（d），一般取 25d； 　　　N——日工作时数（h），一般取 20h； 　　　K_h——时不均匀系数，一般取 1.5
3	混凝土制冷（热）系统	混凝土制冷系统：选择混凝土预冷材料时，主要考虑用冷水拌合、加冰搅拌、预冷集料等，一般不把胶凝材料（水泥、粉煤灰等）选作预冷材料。 混凝土制热系统：低温季节混凝土施工时，提高混凝土拌合料温度宜用热水拌合及进行集料预热，水泥不应直接加热
4	机械修配及综合加工系统	综合加工厂是由混凝土预制构件厂、钢筋加工厂和木材加工厂等组成。 机械修配厂的厂址应靠近施工现场，便于施工机械和原材料运输，附近有足够场地存放设备、材料，并靠近汽车修配厂
5	施工供电系统	一类负荷：井、洞内的照明、排水、通风和基坑内的排水、汛期的防洪、泄洪设施以及医院的手术室、急诊室、重要的通信站以及其他因停电即可造成人身伤亡或设备事故引起国家财产严重损失的重要负荷。 二类负荷：除隧洞、竖井以外的土石方开挖施工、混凝土浇筑施工、混凝土搅拌系统、制冷系统、供水系统、供风系统、混凝土预制构件厂等主要设备。 三类负荷：木材加工厂、钢筋加工厂的主要设备

74

混凝土生产系统规模划分标准

序号	类型	设计生产能力（m³/h）
1	特大型	≥480
2	大型	<480 ≥180
3	中型	<180 ≥45
4	小型	<45

考点3　施工总进度的要求

工程建设全过程

序号	工程建设全过程	内容
1	工程筹建期	工程正式开工前应完成对外交通、施工供电和通信系统、征地、移民以及招标、评标、签约等工作所需的时间
2	工程准备期	准备工程开工起至关键线路上的主体工程开工或河道截流闭气前的工期，一般包括"四通一平"、导流工程、临时房屋和施工工厂设施建设等
3	主体工程施工期	自关键线路上的主体工程开工或一期截流闭气后开始，至第一台机组发电或工程开始发挥效益为止的工期
4	工程完建期	自水电站第一台发电机组投入运行或工程开始受益起，至工程竣工的工期

编制施工总进度应遵循的原则

（1）遵守基本建设程序。

（2）采用国内平均先进施工水平合理安排工期。

（3）资源（人力、物资和资金等）均衡分配。

（4）单项工程施工进度与施工总进度相互协调，各项目施工程序前后兼顾、衔接合理、干扰少、施工均衡。

（5）在保证工程施工质量、总工期的前提下，充分发挥投资效益。

（6）确保工程安全、连续、稳定、均衡施工。

施工进度计划表达方法

序号	表达方法	说明
1	横道图	横道计划的优点是形象、直观，且易于编制和理解。存在的缺点： （1）不能明确反映出各项工作之间错综复杂的相互关系。 （2）不能明确地反映出影响工期的关键工作和关键线路。 （3）不能反映出工作所具有的机动时间。 （4）不能反映工程费用与工期之间的关系，不便于缩短工期和降低成本

序号	表达方法	说明
2	工程进度曲线	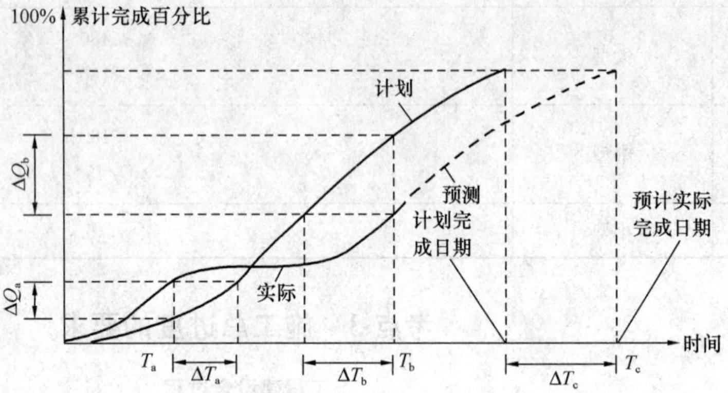 图中：ΔT_a——T_a时刻实际进度超前的时间； 　　　ΔQ_a——T_a时刻超额完成的任务量； 　　　ΔT_b——T_b时刻实际进度拖后的时间； 　　　ΔQ_b——T_b时刻拖欠的任务量； 　　　ΔT_c——工期拖延预测值

考点4　专 项 施 工 方 案

专项施工方案的内容

序号	项目	内容
1	工程概况	危险性较大的单项工程概况、施工平面布置、施工要求和技术保证条件等
2	编制依据	相关法律、法规、规章、制度、标准及图纸（国标图集）、施工组织设计等
3	施工计划	包括施工进度计划、材料与设备计划等
4	施工工艺技术	技术参数、工艺流程、施工方法、质量标准、检查验收等
5	施工安全保证措施	组织保障、技术措施、应急预案、监测监控等
6	劳动力计划	专职安全生产管理人员、特种作业人员等
7	设计计算书及相关图纸等	

专项施工方案有关程序要求

序号	项目	内容
1	审核	应由施工单位技术负责人组织施工技术、安全、质量等部门的专业技术人员进行审核。 如因设计、结构、外部环境等因素发生变化确需修改的，修改后的专项施工方案应当重新审核

序号	项目		内容
2	审查论证会		超过一定规模的危险性较大的单项工程专项施工方案应由施工单位组织召开审查论证会。 审查论证会应有下列人员参加： （1）专家组成员（应由 5 名及以上符合相关专业要求的专家组成）。 （2）项目法人单位负责人或技术负责人。 （3）监理单位总监理工程师及相关人员。 （4）施工单位分管安全的负责人、技术负责人、项目负责人、项目技术负责人、专项施工方案编制人员、项目专职安全生产管理人员。 （5）勘察、设计单位项目技术负责人及相关人员等
3	签字确认	实行分包的	应由总承包单位和分包单位技术负责人共同签字确认
		不需专家论证的	经施工单位审核合格后应报监理单位，由项目总监理工程师审核签字，并报项目法人备案
		修改完善	经施工单位技术负责人、总监理工程师、项目法人单位负责人审核签字后，方可组织实施

达到一定规模的危险性较大的单项工程的规模标准

序号	项目	内容
1	基坑工程	开挖深度超过 3m（含 3m）~5m 的基坑（槽）或未超过 3m 但地质条件和周边环境复杂的基坑（槽）支护、降水工程
2	土方和石方开挖工程	开挖深度超过 3m（含 3m）~5m 的基坑（槽）的土方和石方开挖工程
3	模板工程及支撑体系	（1）各类工具式模板工程：包括滑模、爬模、飞模、隧道模等工程。 （2）混凝土模板支撑工程：搭设高度 5~8m；搭设跨度 10~18m；施工总荷载 10~15kN/m²；集中线荷载 15~20kN/m；高度大于支撑水平投影宽度且相对独立无联系构件的混凝土模板支撑工程。 （3）承重支撑体系：用于钢结构安装等满堂支撑体系
4	起重吊装及安装拆卸工程	（1）采用非常规起重设备、方法，且单件起吊重量在 10~100kN 的起重吊装工程。 （2）采用起重机械进行安装的工程。 （3）起重机械设备自身的安装、拆卸
5	脚手架工程	（1）搭设高度 24~50m 的落地式钢管脚手架工程。 （2）附着式升降脚手架工程。 （3）悬挑式脚手架工程。 （4）吊篮脚手架工程。 （5）自制卸料平台、移动操作平台工程。 （6）新型及异型脚手架工程

序号	项目	内容
6	其他	(1) 拆除、爆破工程。 (2) 围堰工程。 (3) 水上作业工程。 (4) 沉井工程。 (5) 临时用电工程。 (6) 其他危险性较大的工程

超过一定规模的危险性较大的单项工程的规模标准

序号	项目	内容
1	深基坑工程	(1) 开挖深度超过5m（含5m）的基坑（槽）的土方开挖、支护、降水工程。 (2) 开挖深度虽未超过5m，但地质条件、周围环境和地下管线复杂，或影响毗邻建（构）筑物安全的基坑（槽）的土方开挖、支护、降水工程
2	模板工程及支撑体系	(1) 各类工具式模板工程：包括滑模、爬模、飞模、隧道模等工程。 (2) 混凝土模板支撑工程：搭设高度8m及以上；搭设跨度18m及以上；施工总荷载15kN/m² 及以上；集中线荷载20kN/m 及以上。 (3) 承重支撑体系：用于钢结构安装等满堂支撑体系，承受单点集中荷载700kg以上
3	起重吊装及安装拆卸工程	(1) 采用非常规起重设备、方法，且单件起吊重量在100kN 及以上的起重吊装工程。 (2) 起重量300kN 及以上的起重设备安装工程；高度200m 及以上内爬起重设备的拆除工程
4	脚手架工程	(1) 搭设高度50m 及以上落地式钢管脚手架工程。 (2) 提升高度在150m 及以上附着式整体和分片提升脚手架工程。 (3) 架体高度20m 及以上悬挑式脚手架工程
5	拆除、爆破工程	(1) 采用爆破拆除的工程。 (2) 可能影响行人、交通、电力设施、通信设施或其他建（构）筑物安全的拆除工程。 (3) 文物保护建筑、优秀历史建筑或历史文化风貌区影响范围内的拆除工程
6	其他	(1) 开挖深度16m 的人工挖孔桩工程。 (2) 地下暗挖工程、顶管工程、水下作业工程。 (3) 采用新技术、新工艺、新材料、新设备及尚无相关技术标准的危险性较大的单项工程

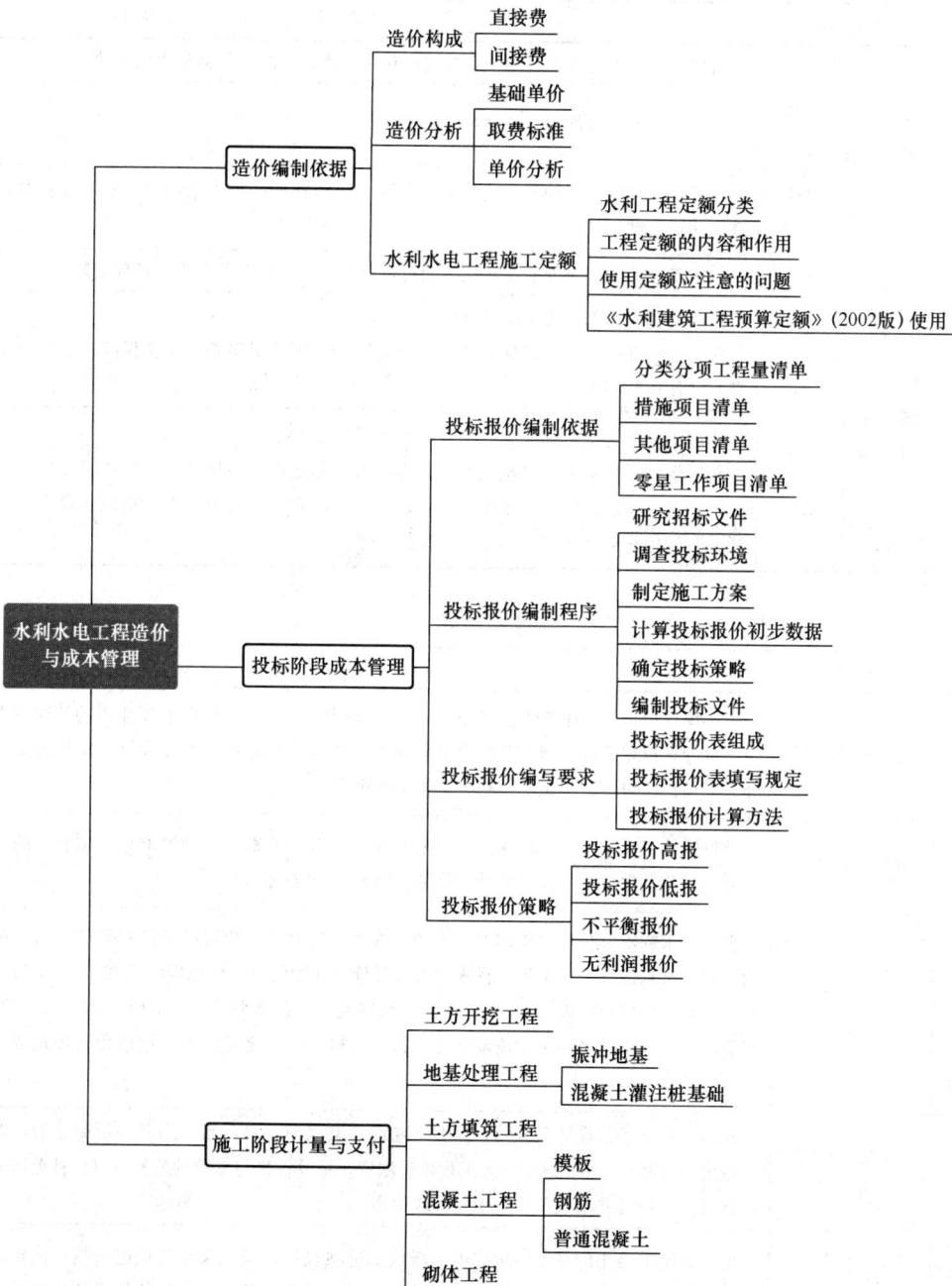

2F320030 水利水电工程造价与成本管理

水利水电工程造价与成本管理

- 造价编制依据
  - 造价构成
    - 直接费
    - 间接费
  - 造价分析
    - 基础单价
    - 取费标准
    - 单价分析
  - 水利水电工程施工定额
    - 水利工程定额分类
    - 工程定额的内容和作用
    - 使用定额应注意的问题
    - 《水利建筑工程预算定额》(2002版)使用

- 投标阶段成本管理
  - 投标报价编制依据
    - 分类分项工程量清单
    - 措施项目清单
    - 其他项目清单
    - 零星工作项目清单
  - 投标报价编制程序
    - 研究招标文件
    - 调查投标环境
    - 制定施工方案
    - 计算投标报价初步数据
    - 确定投标策略
    - 编制投标文件
  - 投标报价编写要求
    - 投标报价表组成
    - 投标报价表填写规定
    - 投标报价计算方法
  - 投标报价策略
    - 投标报价高报
    - 投标报价低报
    - 不平衡报价
    - 无利润报价

- 施工阶段计量与支付
  - 土方开挖工程
  - 地基处理工程
    - 振冲地基
    - 混凝土灌注桩基础
  - 土方填筑工程
  - 混凝土工程
    - 模板
    - 钢筋
    - 普通混凝土
  - 砌体工程

考点1 造价编制依据

造价构成

序号	造价构成			内容
1	直接费	概念		指建筑安装工程施工过程中直接消耗在工程项目上的活劳动和物化劳动
		组成	基本直接费	包括人工费、材料费、施工机械使用费
			其他直接费	包括冬雨期施工增加费、夜间施工增加费、特殊地区施工增加费、临时设施费、安全生产措施费和其他
2	间接费	概念		指施工企业为建筑安装工程施工而进行组织与经营管理所发生的各项费用
		组成	规费	指政府和有关部门规定必须缴纳的费用。包括社会保险费（养老保险费、失业保险费、医疗保险费、工伤保险费、生育保险费）和住房公积金
			企业管理费	指施工企业为组织施工生产和经营活动所发生的费用。包括管理人员工资、差旅交通费、办公费、固定资产使用费、工具用具使用费、职工福利费、劳动保护费、工会经费、职工教育经费、保险费、财务费用、税金（房产税、管理用车辆使用税、印花税）和其他等

基础单价

序号	项目	内容
1	人工预算单价	人工预算单价是指生产工人在单位时间（工时）的费用。根据工程性质的不同，人工预算单价有枢纽工程、引水及河道工程两种计算方法和标准。每种计算方法将人工均划分为工长、高级工、中级工、初级工4个档次
2	材料预算价格	材料原价、运杂费、运输保险费和采购及保管费等分别按不含增值税进项税额的价格计算，采购及保管费，按现行计算标准乘以1.10调整系数
3	施工机械使用费	根据《水利部办公厅关于印发〈水利工程营业税改征增值税计价依据调整办法〉的通知》和《水利部办公厅关于调整水利工程计价依据增值税计算标准的通知》，施工机械台时费定额的折旧费除以1.13调整系数，修理及替换设备费除以1.09调整系数，安装拆卸费不变。施工机械使用费按调整后的施工机械台时费定额和不含增值税进项税额的基础价格计算
4	混凝土材料单价	根据《水利工程设计概（估）算编制规定（工程部分）》，当采用商品混凝土时，其材料单价应按基价200元/m³计入工程单价取费，预算价格与基价的差额以材料补差形式进行计算，材料补差列入单价表中并计取税金
5	施工用电、水、风单价	电网供电价格中的基本电价应不含增值税进项税额；柴油发电机供电价格中的柴油发电机组（台）时总费用应按调整后的施工机械台时费定额和不含增值税进项税额的基础价格计算。施工用水、用风价格中的机械组（台）时总费用应按调整后的施工机械台时费定额和不含增值税进项税额的基础价格计算

单价分析

1	直接费	1）+2）
1）	基本直接费	（1）+（2）+（3）
（1）	人工费	$\sum$定额人工工时数×人工预算单价
（2）	材料费	$\sum$定额材料用量×材料预算价格
（3）	机械使用费	$\sum$定额机械台时用量×机械台时费
2）	其他直接费	1）×其他直接费率
2	间接费	1×间接费率
3	利润	（1+2）×利润率
4	材料补差	（材料预算价格－材料基价）×材料消耗量
5	税金	（1+2+3+4）×税率
6	工程单价	1+2+3+4+5

注：工程单价由"量、价、费"三要素组成。

量：指完成单位工程量所需的人工、材料和施工机械台时数量。须根据设计图纸及施工组织设计等资料，正确选用定额相应子目的规定量。

价：指人工预算单价、材料预算价格和施工机械台时费等基础单价。

费：指按规定计入工程单价的其他直接费、间接费、企业利润和税金。

水利工程定额分类

序号	分类依据	内容
1	应用范围	全国统一定额、水利行业定额、水利地方定额、企业定额
2	定额的编制程序和用途	投资估算指标、概算定额、预算定额、施工定额
3	费用性质	直接费定额、间接费定额、其他基本建设费用定额
4	定额的内容	劳动定额、材料消耗定额、机械作业定额、综合定额、机械台时定额、费用定额

考点 2　投标阶段成本管理

工程量清单的编制

序号	项目	内容
1	分类分项工程量清单	分类分项工程量清单项目编码采用十二位阿拉伯数字表示（由左至右计位）。一至九位为统一编码，其中，一、二位为水利工程顺序码，三、四位为专业工程顺序码，五、六位为分类工程顺序码，七、八、九位为分项工程顺序码，十至十二位为清单项目名称顺序码。清单项目名称顺序码自001起顺序编制
2	措施项目清单	措施项目清单，主要包括环境保护、文明施工、安全防护措施、小型临时工程、施工企业进退场费、大型施工设备安拆费等。措施项目清单项目名称应按招标文件确定的措施项目名称填写。措施项目清单的金额，应根据招标文件的要求以及工程的施工方案，以每一项措施项目为单位，按项计价
3	其他项目清单	其他项目清单中的暂列金额和暂估价两项，指招标人为可能发生的合同变更而预留的金额和暂定项目。其中，暂列金额一般可为分类分项工程项目和措施项目合价的5%
4	零星工作项目清单	零星工作项目清单列出人工（按工种）、材料（按名称和规格型号）、机械（按名称和规格型号）的计量单位，单价由投标人确定

投标报价编制程序

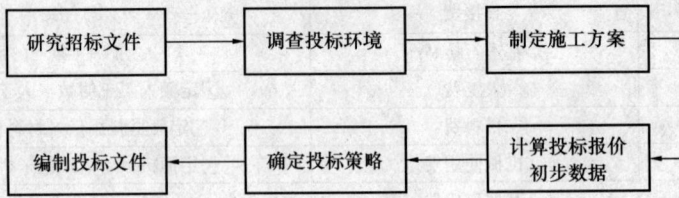

```
研究招标文件  →  调查投标环境  →  制定施工方案
                                        ↓
编制投标文件  ←  确定投标策略  ←  计算投标报价
                                  初步数据
```

投标报价表组成

序号	投标报价表组成	属性
1	投标总价	主表
2	工程项目总价表	
3	分类分项工程量清单计价表	
4	措施项目清单计价表	
5	其他项目清单计价表	
6	零星工作项目清单计价表	
7	工程单价汇总表	辅表
8	工程单价费（税）率汇总表	
9	投标人生产电、风、水、砂石基础单价汇总表	
10	投标人生产混凝土配合比材料费表	
11	招标人供应材料价格汇总表（若招标人提供）	
12	投标人自行采购主要材料预算价格汇总表	
13	招标人提供施工机械台时（班）费汇总表（若招标人提供）	
14	投标人自备施工机械台时（班）费汇总表	
15	总价项目分类分项工程分解表	
16	工程单价计算表	
17	人工费单价汇总表	

投标报价策略

序号	投标报价策略	适用情形
1	投标报价高报	（1）施工条件差的工程。 （2）专业要求高且公司有专长的技术密集型工程。 （3）合同估算价低自己不愿做、又不方便不投标的工程。 （4）风险较大的特殊的工程。 （5）工期要求急的工程。 （6）投标竞争对手少的工程。 （7）支付条件不理想的工程。 （8）计日工单价可高报

序号	投标报价策略	适用情形
2	投标报价低报	（1）施工条件好、工作简单、工程量大的工程。 （2）有策略开拓某一地区市场。 （3）在某地区面临工程结束，机械设备等无工地转移时。 （4）本公司在待发包工程附近有项目，而该项目又可利用该工程的设备、劳务，或有条件短期内突击完成的工程。 （5）投标竞争对手多的工程。 （6）工期宽松工程。 （7）支付条件好的工程
3	不平衡报价	（1）能够早日结账收款的项目（如临时工程费、基础工程、土方开挖等）可适当提高。 （2）预计今后工程量会增加的项目，单价适当提高。 （3）招标图纸不明确，估计修改后工程量要增加的，可以提高单价；对工程内容不清楚的，则可适当降低一些单价，待澄清后可再要求提价
4	无利润报价	（1）中标后，拟将大部分工程分包给报价较低的一些分包商。 （2）对于分期建设的项目，先以低价获得首期工程，而后赢得机会创造第二期工程中的竞争优势，并在以后的实施中赚得利润。 （3）较长时期内，承包商没有在建的工程项目，如果再不中标，企业亏损会更大

考点3　施工阶段计量与支付

土方开挖工程计量与支付

序号	项目	内容
1	场地平整	按施工图纸所示场地平整区域计算的有效面积以平方米为单位计量，按《工程量清单》相应项目有效工程量的每平方米工程单价支付
2	一般土方开挖、淤泥流沙开挖、沟槽开挖和柱坑开挖	按施工图纸所示开挖轮廓尺寸计算的有效自然方体积以立方米为单位计量，按《工程量清单》相应项目有效工程量的每立方米工程单价支付
3	塌方清理	按施工图纸所示开挖轮廓尺寸计算的有效塌方堆方体积以立方米为单位计量，按《工程量清单》相应项目有效工程量的每立方米工程单价支付
4	土方明挖	按施工图纸所示的轮廓尺寸计算有效自然方体积以立方米为单位计量，按《工程量清单》相应项目有效工程量的每立方米工程单价支付。施工过程中增加的超挖量和施工附加量所需的费用，应包含在《工程量清单》相应项目有效工程量的每立方米工程单价中，不另行支付
5	土料开采	除合同另有约定外，开采土料或砂砾料（包括取土、含水量调整、弃土处理、土料运输和堆放等工作）所需的费用，包含在《工程量清单》相应项目有效工程量的工程单价或总价中，不另行支付。 除合同另有约定外，承包人在料场开采结束后完成开采区清理、恢复和绿化等工作所需的费用，包含在《工程量清单》"环境保护和水土保持"相应项目的工程单价或总价中，不另行支付

地基处理工程计量与支付

序号	项目	内容
1	振冲地基	除合同另有约定外，承包人按合同要求完成振冲试验、振冲桩体密实度和承载力检验等工作所需的费用，包含在《工程量清单》相应项目有效工程量的每米工程单价中，不另行支付
2	混凝土灌注桩基础	（1）钻孔灌注桩或者沉管灌注桩按施工图纸所示尺寸计算的桩体有效体积以立方米为单位计量，按《工程量清单》相应项目有效工程量的每立方米工程单价支付。 （2）除合同另有约定外，承包人按合同要求完成灌注桩成孔成桩试验、成桩承载力检验、校验施工参数和工艺、埋设孔口装置、造孔、清孔、护壁以及混凝土拌合、运输和灌注等工作所需的费用，包含在《工程量清单》相应灌注桩项目有效工程量的每立方米工程单价中，不另行支付。 （3）灌注桩的钢筋按施工图纸所示钢筋强度等级、直径和长度计算的有效重量以吨为单位计量，由发包人按《工程量清单》相应项目有效工程量的每吨工程单价支付

土方填筑工程计量与支付

序号	项目	计量与支付
1	坝（堤）体填筑	按施工图纸所示尺寸计算的有效压实方体积以立方米为单位计量，按《工程量清单》相应项目有效工程量的每立方米工程单价支付
2	坝（堤）体全部完成的最终结算工程量	经过施工期间压实并经自然沉陷后按施工图纸所示尺寸计算的有效压实方体积。若分次支付的累计工程量超出最终结算的工程量，应扣除超出部分工程量
3	黏土心墙、接触黏土、混凝土防渗墙顶部附近的高塑性黏土、上游铺盖区的土料、反滤料、过渡料和垫层料	按施工图纸所示尺寸计算的有效压实方体积以立方米为单位计量，由发包人按《工程量清单》相应项目有效工程量的每立方米工程单价支付
4	坝体上、下游面块石护坡	按施工图纸所示尺寸计算的有效体积以立方米为单位计量，按《工程量清单》相应项目有效工程量的每立方米工程单价支付
5	承包人对料场（土料场、石料场和存料场）进行复核、复勘、取样试验、地质测绘以及工程完建后的料场整治和清理等工作所需的费用	除合同另有约定外，包含在每立方米（吨）材料单价或《工程量清单》相应项目工程单价或总价中，不另行支付
6	坝体填筑的现场碾压试验费用	按《工程量清单》相应项目的总价支付

混凝土工程计量与支付

序号	项目	内容
1	模板	（1）除合同另有约定外，现浇混凝土的模板费用，包含在《工程量清单》相应混凝土或钢筋混凝土项目有效工程量的每立方米工程单价中，不另行计量和支付。 （2）混凝土预制构件模板所需费用，包含在《工程量清单》相应预制混凝土构件项目有效工程量的工程单价中，不另行支付

序号	项目	内容
2	钢筋	按施工图纸所示钢筋强度等级、直径和长度计算的有效重量以吨为单位计量，由发包人按《工程量清单》相应项目有效工程量的每吨工程单价支付。施工架立筋、搭接、套筒连接、加工及安装过程中操作损耗等所需费用，均包含在《工程量清单》相应项目有效工程量的每吨工程单价中，不另行支付
3	普通混凝土	（1）普通混凝土按施工图纸所示尺寸计算的有效体积以立方米为单位计量，按《工程量清单》相应项目有效工程量的每立方米工程单价支付。 （2）混凝土有效工程量不扣除设计单体体积小于 0.1m³ 的圆角或斜角，单体占用的空间体积小于 0.1m³ 的钢筋和金属件，单体横截面积小于 0.1m² 的孔洞、排水管、预埋管和凹槽等所占的体积，按设计要求对上述孔洞回填的混凝土也不予计量。 （3）不可预见地质原因超挖引起的超填工程量所发生的费用，按《工程量清单》相应项目或变更项目的每立方米工程单价支付。除此之外，同一承包人由于其他原因超挖引起的超填工程量和由此增加的其他工作所需的费用，均应包含在《工程量清单》相应项目有效工程量的每立方米工程单价中，不另行支付。 （4）混凝土在冲（凿）毛、拌合、运输和浇筑过程中的操作损耗，以及为临时性施工措施增加的附加混凝土量所需的费用，应包含在《工程量清单》相应项目有效工程量的每立方米工程单价中，不另行支付。 （5）施工过程中，承包人进行的各项混凝土试验所需的费用（不包括以总价形式支付的混凝土配合比试验费），均包含在《工程量清单》相应项目有效工程量的每立方米工程单价中，不另行支付。 （6）止水、止浆、伸缩缝等按施工图纸所示各种材料数量以米（或平方米）为单位计量，按《工程量清单》相应项目有效工程量的每米（或平方米）工程单价支付。 （7）混凝土温度控制措施费（包括冷却水管埋设及通水冷却费用、混凝土收缩缝和冷却水管的灌浆费用，以及混凝土坝体的保温费用）包含在《工程量清单》相应混凝土项目有效工程量的每立方米工程单价中，不另行支付。 （8）混凝土坝体的接缝灌浆（接触灌浆），按设计图纸所示要求灌浆的混凝土施工缝（混凝土与基础、岸坡岩体的接触缝）的接缝面积以平方米为单位计量，按《工程量清单》相应项目有效工程量的每平方米工程单价支付。 （9）混凝土坝体内预埋排水管所需的费用，应包含在《工程量清单》相应混凝土项目有效工程量的每立方米工程单价中，不另行支付

砌体工程计量与支付

序号	项目	内容
1	浆砌石、干砌石、混凝土预制块和砖砌体	按施工图纸所示尺寸计算的有效砌筑体积以立方米为单位计量，按《工程量清单》相应项目有效工程量的每立方米工程单价支付
2	砂浆、拉结筋、垫层、排水管、止水设施、伸缩缝、沉降缝及埋设件的费用	包含在《工程量清单》相应砌筑项目有效工程量的每立方米工程单价中，不另行支付
3	按合同要求完成砌体建筑物的基础清理和施工排水等工作所需的费用	包含在《工程量清单》相应砌筑项目有效工程量的每立方米工程单价中，不另行支付

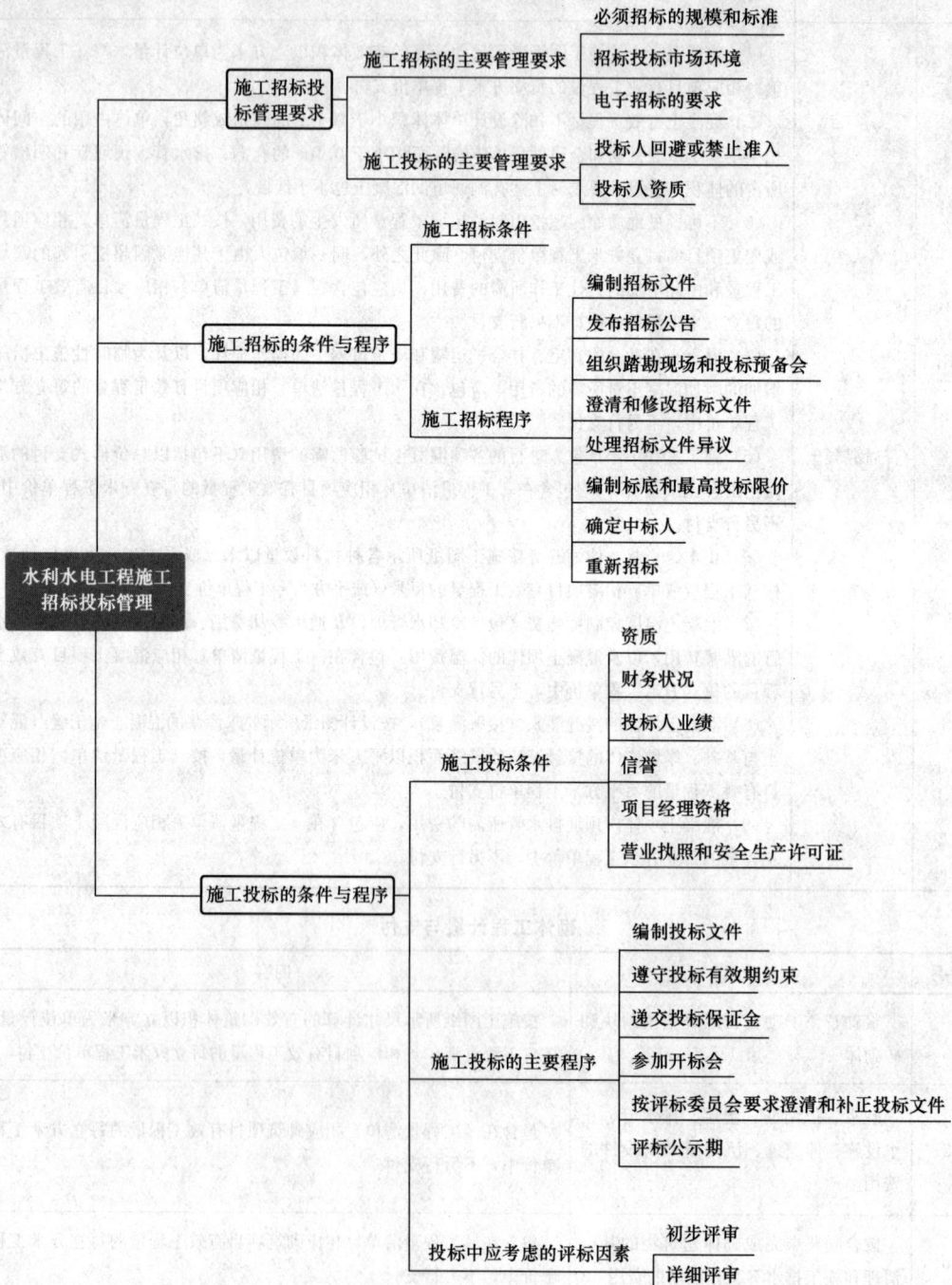

2F320040 水利水电工程施工招标投标管理

【考点图谱】

水利水电工程施工招标投标管理
- 施工招标投标管理要求
  - 施工招标的主要管理要求
    - 必须招标的规模和标准
    - 招标投标市场环境
    - 电子招标的要求
  - 施工投标的主要管理要求
    - 投标人回避或禁止准入
    - 投标人资质
- 施工招标的条件与程序
  - 施工招标条件
  - 施工招标程序
    - 编制招标文件
    - 发布招标公告
    - 组织踏勘现场和投标预备会
    - 澄清和修改招标文件
    - 处理招标文件异议
    - 编制标底和最高投标限价
    - 确定中标人
    - 重新招标
- 施工投标的条件与程序
  - 施工投标条件
    - 资质
    - 财务状况
    - 投标人业绩
    - 信誉
    - 项目经理资格
    - 营业执照和安全生产许可证
  - 施工投标的主要程序
    - 编制投标文件
    - 遵守投标有效期约束
    - 递交投标保证金
    - 参加开标会
    - 按评标委员会要求澄清和补正投标文件
    - 评标公示期
  - 投标中应考虑的评标因素
    - 初步评审
    - 详细评审

考点1 施工招标投标管理要求

施工招标的主要管理要求

序号	项目		内容
1	属于以不合理条件限制、排斥潜在投标人或者投标人的行为		(1) 就同一招标项目向潜在投标人或者投标人提供有差别的项目信息。 (2) 设定的资格、技术、商务条件与招标项目的具体特点和实际需要不相适应或者与合同履行无关。 (3) 依法必须进行招标的项目以特定行政区域或者特定行业的业绩、奖项作为加分条件或者中标条件。 (4) 对潜在投标人或者投标人采取不同的资格审查或者评标标准。 (5) 限定或者指定特定的专利、商标、品牌、原产地或者供应商。 (6) 依法必须进行招标的项目非法限定潜在投标人或者投标人的所有制形式或者组织形式。 (7) 以其他不合理条件限制、排斥潜在投标人或者投标人
2	招标投标相关主体应遵守的公平竞争审查标准	市场准入和退出标准	(1) 设置明显不必要或者超出实际需要的准入和退出条件，排斥或者限制经营者参与市场竞争。 (2) 未经公平竞争不得授予经营者特许经营权。 (3) 不得限定经营、购买、使用特定经营者提供的商品和服务。 (4) 不得设置没有法律、行政法规或者国务院规定依据的审批或者具有行政审批性质的事前备案程序。 (5) 不得对市场准入负面清单以外的行业、领域、业务等设置审批程序
		商品和要素自由流动标准	(1) 不得对外地和进口商品、服务实行歧视性价格和歧视性补贴政策。 (2) 不得限制外地和进口商品、服务进入本地市场或者阻碍本地商品运出、服务输出。 (3) 不得排斥或者限制外地经营者参加本地招标投标活动。 (4) 不得排斥、限制或者强制外地经营者在本地投资或者设立分支机构。 (5) 不得对外地经营者在本地的投资或者设立的分支机构实行歧视性待遇，侵害其合法权益
		影响生产经营成本标准	(1) 不得违法给予特定经营者优惠政策。 (2) 安排财政支出一般不得与特定经营者缴纳的税收或非税收入挂钩。 (3) 不得违法违规减免或者缓征特定经营者应当缴纳的社会保险费用。 (4) 不得在法律规定之外要求经营者提供或扣留经营者各类保证金
		影响生产经营行为标准	(1) 不得强制经营者从事《中华人民共和国反垄断法》禁止的垄断行为。 (2) 不得违法披露或者违法要求经营者披露生产经营敏感信息，为经营者实施垄断行为提供便利条件。 (3) 不得超越定价权限进行政府定价。 (4) 不得违法干预实行市场调节价的商品和服务的价格水平

序号	项目	内容
3	电子招标的要求	(1) 电子招标投标交易平台应当为招标投标活动当事人、行政监督部门和监察机关按各自职责和注册权限登录使用交易平台提供必要条件。 (2) 电子招标投标交易平台运营机构不得以任何手段限制或者排斥潜在投标人，不得泄露依法应当保密的信息，不得弄虚作假、串通投标或者为弄虚作假、串通投标提供便利。 (3) 电子招标投标交易平台运营机构不得以技术和数据接口配套为由，要求潜在投标人购买指定的工具软件。 (4) 除《电子招标投标办法》和技术规范规定的注册登记外，任何单位和个人不得在招标投标活动中设置注册登记、投标报名等前置条件限制潜在投标人下载资格预审文件或者招标文件。 (5) 在投标截止时间前，电子招标投标交易平台运营机构不得向招标人或者其委托的招标代理机构以外的任何单位和个人泄露下载资格预审文件、招标文件的潜在投标人名称、数量以及可能影响公平竞争的其他信息。 (6) 招标人对资格预审文件、招标文件进行澄清或者修改的，应当通过电子招标投标交易平台以醒目的方式公告，并以有效方式通知所有已下载资格预审文件或者招标文件的潜在投标人

施工总承包企业资质等级的划分

序号	等级	建造师数量要求	承包工程范围
1	特级	注册一级建造师 50 人以上	可承担水利水电工程的施工总承包、工程总承包和项目管理业务
2	一级	没有数量要求	可承担各等级水利水电工程的施工
3	二级		可承担工程规模中型以下水利水电工程和建筑物级别 3 级以下水工建筑物的施工，但下列工程规模限制在以下范围内：坝高 70m 以下、水电站总装机容量 150MW 以下、水工隧洞洞径小于 8m（或断面积相等的其他型式）且长度小于 1000m、堤防级别 2 级以下
4	三级	水利水电工程专业注册建造师不少于 8 人	可承担单项合同额 6000 万元以下的下列水利水电工程的施工：小（1）型以下水利水电工程和建筑物级别 4 级以下水工建筑物的施工总承包，但下列工程限制在以下范围内：坝高 40m 以下、水电站总装机容量 20MW 以下、泵站总装机容量 800kW 以下、水工隧洞洞径小于 6m（或断面积相等的其他型式）且长度小于 500m、堤防级别 3 级以下

考点 2 施工招标的条件与程序

施 工 招 标 条 件

(1) 初步设计已经批准。

(2) 建设资金来源已落实，年度投资计划已经安排。

(3) 监理单位已确定。

(4) 具有能满足招标要求的设计文件，已与设计单位签订适应施工进度要求的图纸交付合同或协议。

（5）有关建设项目永久征地、临时征地和移民搬迁的实施、安置工作已经落实或已有明确安排。

施工招标程序

序号	项目	内容
1	编制招标文件	招标文件一般包括招标公告、投标人须知、评标办法、合同条款及格式、工程量清单、招标图纸、合同技术条款和投标文件格式等八章。其中，第二章投标人须知、第三章评标办法、第四章第一节通用合同条款属于《水利水电工程标准施工招标文件》（2009 年版）强制使用的内容，应不加修改地使用
2	发布招标公告	招标文件的发售期不得少于 5 日
3	组织踏勘现场和投标预备会	招标人不得单独或者分别组织部分投标人进行现场踏勘。 对于投标人在阅读招标文件和踏勘现场中提出的疑问，招标人可以书面形式或召开投标预备会的方式解答，但需同时将解答以书面方式通知所有购买招标文件的投标人
4	澄清和修改招标文件	在投标截止时间 15d 前以书面形式发给所有购买招标文件的投标人，但不指明澄清问题的来源。 如果澄清和修改通知发出的时间距投标截止时间不足 15 日，且影响投标文件编制的，相应延长投标截止时间
5	处理招标文件异议	潜在投标人或者其他利害关系人（指特定分包人、供应商、投标人的项目负责人）对招标文件有异议的，应当在投标截止时间 10 日前提出。 招标人应当自收到异议之日起 3 日内作出答复；作出答复前，应当暂停招标投标活动。未在规定时间提出异议的，不得再对招标文件相关内容提出投诉
6	编制标底和最高投标限价	招标人可以自行决定是否编制标底。一个招标项目只能有一个标底。标底必须保密。 招标人设有最高投标限价的，应当在招标文件中明确最高投标限价或者最高投标限价的计算方法。招标人不得规定最低投标限价
7	确定中标人	评标委员会推荐的中标候选人应当限定在 1~3 人，并标明排列顺序。 确定中标人应遵守下述规定： （1）招标人应当确定排名第一的中标候选人为中标人。 （2）排名第一的中标候选人放弃中标、因不可抗力不能履行合同、不按照招标文件要求提交履约保证金，或者被查实存在影响中标结果的违法行为等情形，不符合中标条件的，招标人可以按照评标委员会提出的中标候选人名单排序依次确定其他中标候选人为中标人。 （3）当招标人确定的中标人与评标委员会推荐的中标候选人顺序不一致时，应当有充足的理由，并按项目管理权限报水行政主管部门备案。 （4）在确定中标人之前，招标人不得与投标人就投标价格、投标方案等实质性内容进行谈判。 （5）中标人确定后，招标人应当向中标人发出中标通知书，同时通知未中标人。 （6）定标应当在投标有效期内完成。不能在投标有效期内完成评标和定标的，招标人应当通知所有投标人延长投标有效期。拒绝延长投标有效期的投标人有权收回投标保证金。同意延长投标有效期的投标人应当相应延长其投标担保的有效期，但不得修改投标文件的实质性内容

序号	项目	内容
8	重新招标	有下列情形之一的，招标人将重新招标： (1) 投标截止时间止，投标人少于3个的。 (2) 经评标委员会评审后否决所有投标的。 (3) 评标委员会否决不合格投标或者界定为废标后因有效投标不足3个使得投标明显缺乏竞争，评委会决定否决全部投标的。 (4) 同意延长投标有效期的投标人少于3个的。 (5) 中标候选人均未与招标人签订合同的。 重新招标后，仍出现前述规定情形之一的，属于必须审批的水利工程建设项目，经行政监督部门批准后可不再进行招标，采取政府采购其他方式确定中标人

考点3　施工投标的条件与程序

施工投标条件

序号	项目	内容
1	资质	资质条件包括资质证书有效性和资质符合性两个方面的内容
2	财务状况	投标人应按招标文件要求填报"近3年财务状况表"，并附经会计师事务所或审计机构审计的财务会计报表，包括资产负债表、现金流量表、利润表和财务情况说明书的复印件
3	投标人业绩	投标人业绩一般指类似工程业绩。业绩的类似性包括功能、结构、规模、造价等方面。 投标人业绩以合同工程完工证书颁发时间为准。投标人应按招标文件要求填报"近5年完成的类似项目情况表"，并附中标通知书和（或）合同协议书、工程接收证书（工程竣工验收证书）、合同工程完工证书的复印件
4	信誉	根据《水利部关于印发〈水利建设市场主体信用评价管理暂行办法〉的通知》（水建管〔2019〕307号），信用等级分为AAA（信用很好）、AA（信用好）、A（信用较好）、B（信用一般）和C（信用较差）三等五级
5	项目经理资格	项目经理应当由注册于本单位（须提供社会保险证明）、级别符合《关于印发〈注册建造师执业工程规模标准〉（试行的通知》要求的注册建造师担任。拟任注册建造师不得在建工程，有一定数量已通过合同工程完工验收的类似工程业绩，具备有效的安全生产考核合格证书（B类），在"信用中国"及各有关部门网站中经查询没有因行贿、严重违法失信被限制投标或从业等惩戒行为等
6	营业执照和安全生产许可证	(1) 投标人的投标报价不应超过营业执照上载明的注册资金的五倍，营业执照应在有效期内，无年检不合格或被吊销营业执照等情况。 (2) 投标人应持有有效的安全生产许可证，无被吊销安全生产许可证等情况。 (3) 投标人应按招标文件要求填报"投标人基本情况表"，并附营业执照和安全生产许可证正、副本复印件

施工投标的主要程序

序号	项目	内容
1	编制投标文件	投标文件格式要求有： （1）投标文件签字盖章要求是：投标文件正本除封面、封底、目录、分隔页外的其他每一页必须加盖投标人单位章并由投标人的法定代表人或其委托代理人签字，已标价的工程量清单还应由注册水利工程造价工程师加盖执业印章。 （2）投标文件份数要求是正本 1 份，副本 4 份。 （3）投标文件用 A4 纸（图表页除外）装订成册，编制目录和页码，并不得采用活页夹装订。 （4）投标人应按招标文件"工程量清单"的要求填写相应表格
2	遵守投标有效期约束	水利工程施工招标投标有效期一般为 56d。在招标文件规定的投标有效期内，投标人不得要求撤销或修改其投标文件。 出现特殊情况需要延长投标有效期的，招标人以书面形式通知所有投标人延长投标有效期。投标人同意延长的，应相应延长其投标保证金的有效期，但不得要求或被允许修改或撤销其投标文件；投标人拒绝延长的，其投标失效，但投标人有权收回其投标保证金
3	递交投标保证金	招标文件要求提交投标保证金的，投标人在递交投标文件的同时，应按招标文件规定的金额、形式和"投标文件格式"规定的投标保证金格式递交投标保证金，并作为其投标文件的组成部分。投标保证金的具体要求如下： （1）以现金或者支票形式提交的投标保证金应当从其基本账户转出。 （2）联合体投标的，其投标保证金由牵头人递交，并应符合招标文件的规定。 （3）投标人不按要求提交投标保证金的，其投标文件作无效标处理。 （4）招标人与中标人签订合同后 5 个工作日内，向未中标的投标人和中标人退还投标保证金及相应利息。 （5）投标保证金与投标有效期一致。投标人在规定的投标有效期内撤销或修改其投标文件，或中标人在收到中标通知书后，无正当理由拒签合同协议书或未按招标文件规定提交履约担保的，投标保证金将不予退还
4	参加开标会	投标人的法定代表人或委托代理人应参加开标会，且应持有本人身份证件及法定代表人或委托代理人证明文件参加开标会，未参加开标会视为默认开标结果
5	按评标委员会要求澄清和补正投标文件	（1）投标人不得主动提出澄清、说明或补正。 （2）澄清、说明和补正不得改变投标文件的实质性内容（算术性错误修正的除外）。 （3）投标人的书面澄清、说明和补正属于投标文件的组成部分。 （4）评标委员会对投标人提交的澄清、说明或补正仍有疑问时，可要求投标人进一步澄清、说明或补正的，投标人应予配合
6	评标公示期	招标人应当自收到评标报告之日起 3 日内公示中标候选人，中标候选人不超过 3 人。公示期不得少于 3 日

综合评估法中的评审

序号	项目	内容
1	初步评审	分为形式评审标准、资格评审标准、响应性评审标准
2	详细评审	包括对施工组织设计、项目管理机构、投标报价等进行量化打分

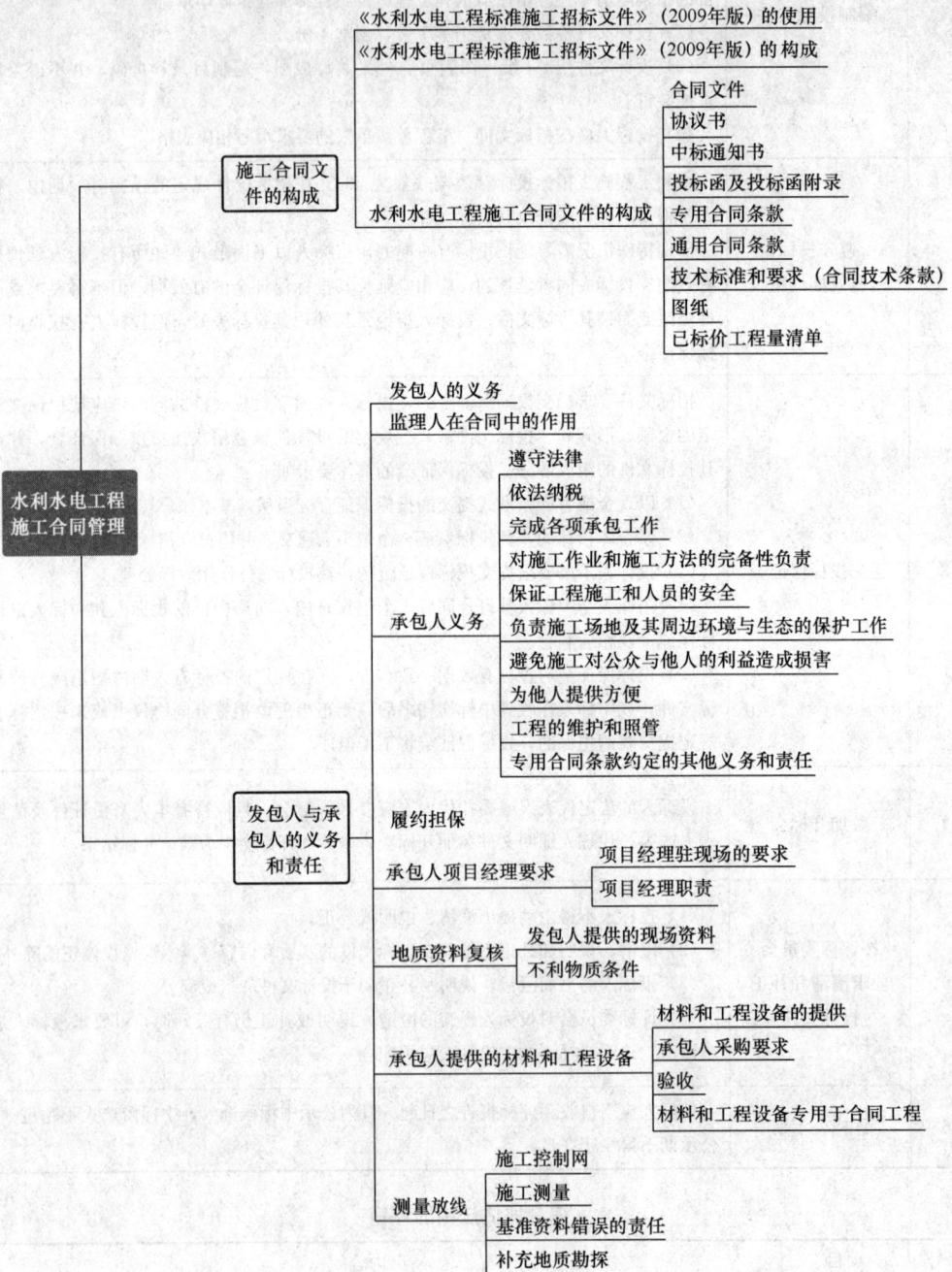

2F320050 水利水电工程施工合同管理

【考点图谱】

水利水电工程施工合同管理
- 施工合同文件的构成
  - 《水利水电工程标准施工招标文件》（2009年版）的使用
  - 《水利水电工程标准施工招标文件》（2009年版）的构成
  - 水利水电工程施工合同文件的构成
    - 合同文件
    - 协议书
    - 中标通知书
    - 投标函及投标函附录
    - 专用合同条款
    - 通用合同条款
    - 技术标准和要求（合同技术条款）
    - 图纸
    - 已标价工程量清单
- 发包人与承包人的义务和责任
  - 发包人的义务
  - 监理人在合同中的作用
  - 承包人义务
    - 遵守法律
    - 依法纳税
    - 完成各项承包工作
    - 对施工作业和施工方法的完备性负责
    - 保证工程施工和人员的安全
    - 负责施工场地及其周边环境与生态的保护工作
    - 避免施工对公众与他人的利益造成损害
    - 为他人提供方便
    - 工程的维护和照管
    - 专用合同条款约定的其他义务和责任
  - 履约担保
  - 承包人项目经理要求
    - 项目经理驻现场的要求
    - 项目经理职责
  - 地质资料复核
    - 发包人提供的现场资料
    - 不利物质条件
  - 承包人提供的材料和工程设备
    - 材料和工程设备的提供
    - 承包人采购要求
    - 验收
    - 材料和工程设备专用于合同工程
  - 测量放线
    - 施工控制网
    - 施工测量
    - 基准资料错误的责任
    - 补充地质勘探

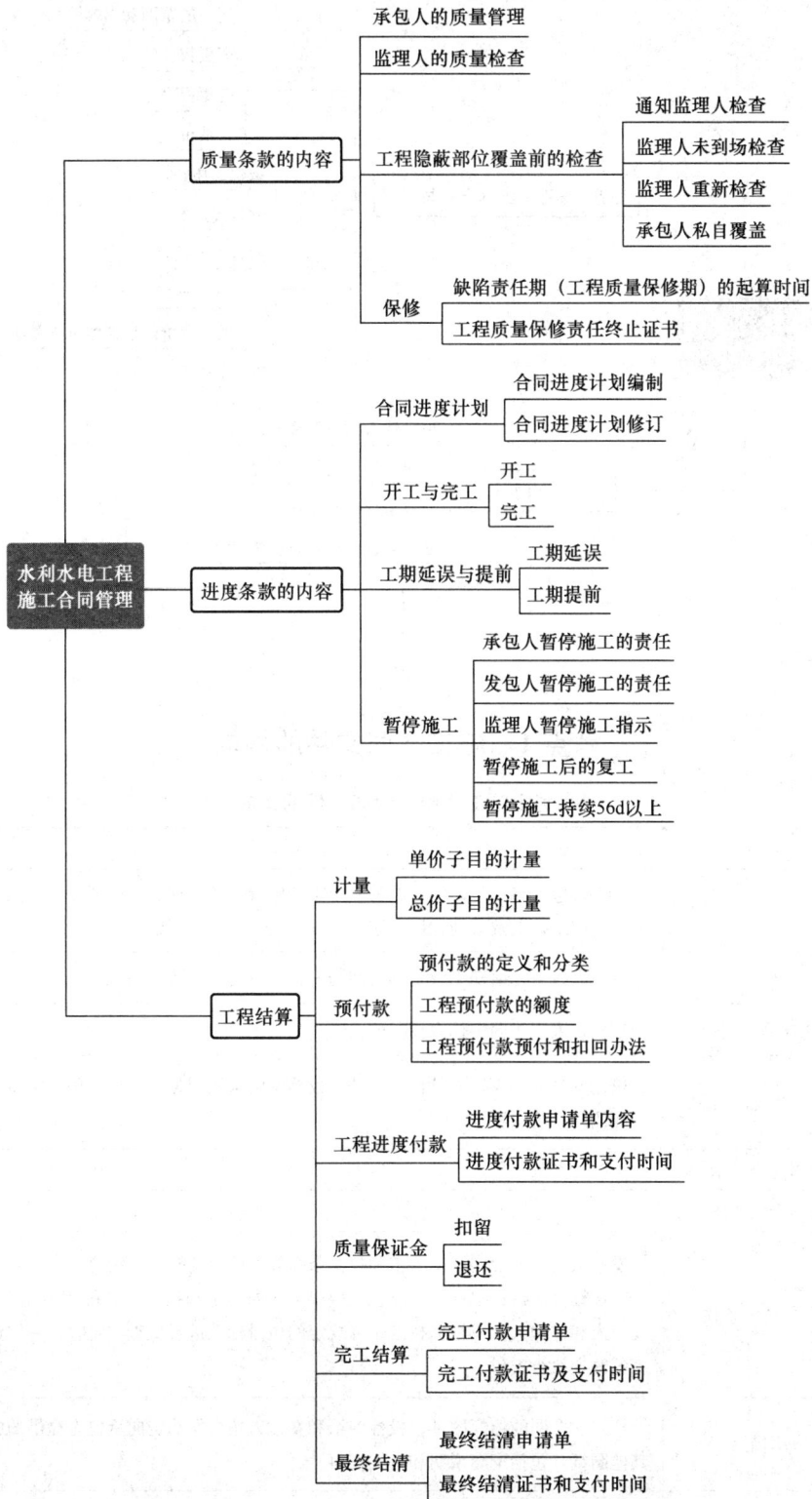

```
                                                                  承包人的质量管理
                                                                  监理人的质量检查
                                                                                                          通知监理人检查
                                       质量条款的内容                工程隐蔽部位覆盖前的检查                     监理人未到场检查
                                                                                                          监理人重新检查
                                                                                                          承包人私自覆盖
                                                                  保修              缺陷责任期（工程质量保修期）的起算时间
                                                                                  工程质量保修责任终止证书

                                                                  合同进度计划      合同进度计划编制
                                                                                  合同进度计划修订
                                                                                  开工
                                                                  开工与完工
                                                                                  完工
    水利水电工程                           进度条款的内容                             工期延误
    施工合同管理                                                   工期延误与提前
                                                                                  工期提前
                                                                                  承包人暂停施工的责任
                                                                                  发包人暂停施工的责任
                                                                  暂停施工          监理人暂停施工指示
                                                                                  暂停施工后的复工
                                                                                  暂停施工持续56d以上

                                                                  计量            单价子目的计量
                                                                                  总价子目的计量
                                                                                  预付款的定义和分类
                                                                  预付款           工程预付款的额度
                                                                                  工程预付款预付和扣回办法

                                       工程结算                                    进度付款申请单内容
                                                                  工程进度付款
                                                                                  进度付款证书和支付时间
                                                                                  扣留
                                                                  质量保证金
                                                                                  退还
                                                                                  完工付款申请单
                                                                  完工结算
                                                                                  完工付款证书及支付时间
                                                                                  最终结清申请单
                                                                  最终结清
                                                                                  最终结清证书和支付时间

                                            （续图）
```

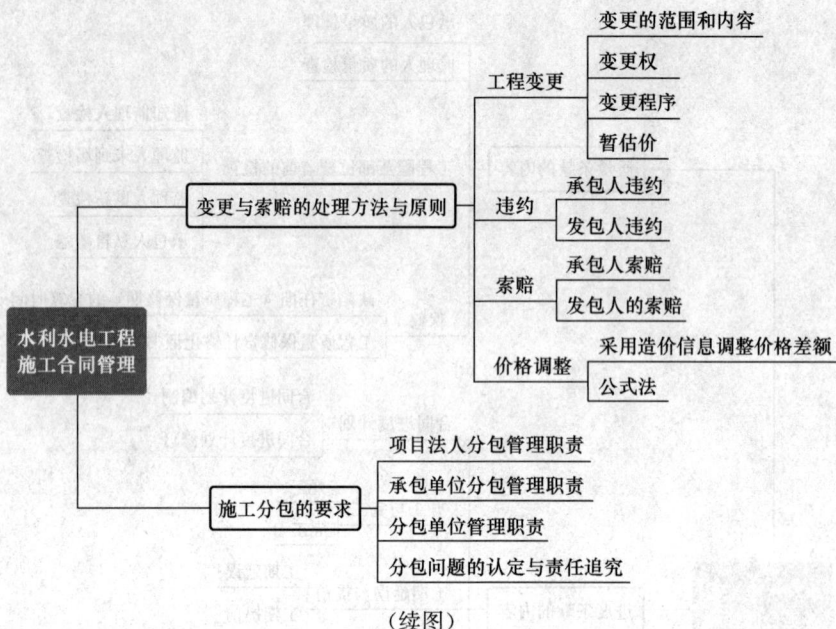

变更与索赔的处理方法与原则
- 工程变更
  - 变更的范围和内容
  - 变更权
  - 变更程序
  - 暂估价
- 违约
  - 承包人违约
  - 发包人违约
- 索赔
  - 承包人索赔
  - 发包人的索赔
- 价格调整
  - 采用造价信息调整价格差额
  - 公式法

水利水电工程施工合同管理

施工分包的要求
- 项目法人分包管理职责
- 承包单位分包管理职责
- 分包单位管理职责
- 分包问题的认定与责任追究

(续图)

【考点精析】

考点1　施工合同文件的构成

水利水电工程施工合同文件的构成

序号	构成	内容
1	合同	指由发包人与承包人签订的为完成本合同规定的各项工作所列入本合同条件的全部文件和图纸，以及其他在协议书中明确列入的文件和图纸
2	协议书	承包人按中标通知书规定的时间与发包人签订合同协议书
3	中标通知书	指发包人正式向中标人授标的文件
4	投标函及投标函附录	投标函是证明投标人投标的文件。投标函附录主要是表达合同条款中需要投标人具体确认的相关内容
5	专用合同条款	
6	通用合同条款	
7	合同技术条款	投标人应根据合同进度要求和技术条款规定的质量标准，结合自身的施工能力和水平，计算投标价；中标后，承包人应根据合同约定和技术条款的规定组织工程施工；发包人和监理人则应根据技术条款规定的质量标准进行检查和验收，并按计量支付条款的约定执行支付
8	图纸	指列入合同的招标图纸、投标图纸和发包人按合同约定向承包人提供的施工图纸和其他图纸（包括配套说明和有关资料）
9	已标价工程量清单	指构成合同文件组成部分的由承包人按照规定的格式和要求填写并标明价格的工程量清单

考点2 发包人与承包人的义务和责任

发包人与承包人的义务

发包人的义务	承包人的义务
（1）遵守法律。 （2）发出开工通知。 （3）提供施工场地。 （4）协助承包人办理证件和批件。 （5）组织设计交底。 （6）支付合同价款。 （7）组织法人验收	（1）遵守法律。 （2）依法纳税。 （3）完成各项承包工作。 （4）对施工作业和施工方法的完备性负责。 （5）保证工程施工和人员的安全。 （6）负责施工场地及其周边环境与生态的保护工作。 （7）避免施工对公众与他人的利益造成损害。 （8）为他人提供方便。 （9）工程的维护和照管

发包人履行义务时应注意的事项

序号	项目	内容
1	开工通知的要求	（1）监理人应在开工日期7d前向承包人发出开工通知。监理人在发出开工通知前应获得发包人同意。 （2）工期自监理人发出的开工通知中载明的开工日期起计算。 （3）承包人在接到开工通知后14d内未按进度计划要求及时进场组织施工，监理人可通知承包人在接到通知后7d内提交一份说明其进场延误的书面报告，报送监理人。书面报告应说明不能及时进场的原因和补救措施，由此增加的费用和工期延误责任由承包人承担
2	所提供的施工场地的要求	（1）发包人应在合同双方签订合同协议书后的14d内，将本合同工程的施工场地范围图提交给承包人。发包人提供的施工场地范围图应标明场地范围内永久占地与临时占地的范围和界限。 （2）发包人提供的施工用地范围在专用合同条款中约定。 （3）除专用合同条款另有约定外，发包人应按技术标准和要求（合同技术条款）的约定，向承包人提供施工场地内的工程地质图纸和报告，以及地下障碍物图纸等施工场地有关资料，并保证资料的真实、准确、完整
3	所提供材料和工程设备的要求	（1）发包人提供的材料和工程设备，应在专用合同条款中写明材料和工程设备的名称、规格、数量、价格、交货方式、交货地点和计划交货日期等。 （2）承包人应根据合同进度计划的安排，向监理人报送要求发包人交货的日期计划。 （3）发包人应在材料和工程设备到货7d前通知承包人，承包人应会同监理人在约定的时间内，赴交货地点共同进行验收。 （4）发包人提供的材料和工程设备运至交货地点验收后，由承包人负责接收、卸货、运输和保管。 （5）发包人要向承包人提前交货的，承包人不得拒绝，但发包人应承担承包人由此增加的费用。 （6）承包人要求更改交货日期或地点的，应事先报请监理人批准，所增加的费用和（或）工期延误由承包人承担。 （7）发包人提供的材料和工程设备的规格、数量或质量不符合合同要求，或由于发包人原因发生交货日期延误及交货地点变更等情况的，发包人应承担由此增加的费用和（或）工期延误，并向承包人支付合理利润

承包人项目经理要求

序号	项目	内容
1	项目经理驻现场的要求	(1) 承包人应按合同约定指派项目经理,并在约定的期限内到职。 (2) 承包人更换项目经理应事先征得发包人同意,并应在更换14d前通知发包人和监理人。 (3) 承包人项目经理短期离开施工场地,应事先征得监理人同意,并委派代表代行其职责。 (4) 监理人要求撤换不能胜任本职工作、行为不端或玩忽职守的承包人项目经理和其他人员的,承包人应予以撤换
2	项目经理职责	(1) 项目经理应按合同约定以及监理人指示,负责组织合同工程的实施。 (2) 在情况紧急且无法与监理人取得联系时,可采取保证工程和人员生命财产安全的紧急措施,并在采取措施后24h内向监理人提交书面报告。 (3) 承包人为履行合同发出的一切函件均应盖有承包人授权的施工场地管理机构章,并由承包人项目经理或其授权代表签字。 (4) 承包人项目经理可以授权其下属人员履行其某项职责,但事先应将这些人员的姓名和授权范围通知监理人

不利物质条件

序号	项目	内容
1	界定原则	水利水电工程的不利物质条件,指在施工过程中遭遇诸如地下工程开挖中遇到发包人进行的地质勘探工作未能查明的地下溶洞或溶蚀裂隙和坝基河床深层的淤泥层或软弱带等,使施工受阻
2	处理方法	承包人遇到不利物质条件时,应采取适应不利物质条件的合理措施继续施工,并及时通知监理人。承包人有权要求延长工期及增加费用。监理人收到此类要求后,应在分析上述外界障碍或自然条件是否不可预见及不可预见程度的基础上,按照变更的约定办理

承包人提供的材料和工程设备

序号	项目	内容
1	材料和工程设备的提供	承包人负责采购、运输和保管完成合同工作所需的材料和工程设备的,承包人应对其采购的材料和工程设备负责
2	承包人采购要求	承包人应按专用合同条款的约定,将各项材料和工程设备的供货人及品种、规格、数量和供货时间等报送监理人审批。承包人应向监理人提交其负责提供的材料和工程设备的质量证明文件,并满足合同约定的质量标准
3	验收	对承包人提供的材料和工程设备,承包人应会同监理人进行检验和交货验收,查验材料合格证明和产品合格证书,并按合同约定和监理人指示,进行材料的抽样检验和工程设备的检验测试,检验和测试结果应提交监理人,所需费用由承包人承担
4	材料和工程设备专用于合同工程	(1) 运入施工场地的材料、工程设备,包括备品备件、安装专用工器具与随机资料,必须专用于合同工程,未经监理人同意,承包人不得运出施工场地或挪作他用。 (2) 随同工程设备运入施工场地的备品备件、专用工器具与随机资料,应由承包人会同监理人按供货人的装箱单清点后共同封存,未经监理人同意不得启用。承包人因合同工作需要使用上述物品时,应向监理人提出申请

続表

序号	项目	内容
5	禁止使用不合格的材料和工程设备	（1）监理人有权拒绝承包人提供的不合格材料或工程设备，并要求承包人立即进行更换。监理人应在更换后再次进行检查和检验，由此增加的费用和（或）工期延误由承包人承担。 （2）监理人发现承包人使用了不合格的材料和工程设备，应及时发出指示要求承包人立即改正，并禁止在工程中继续使用不合格的材料和工程设备

考点3 质量条款的内容

工程隐蔽部位覆盖前的检查

序号	项目	内容
1	通知监理人检查	经承包人自检确认的工程隐蔽部位具备覆盖条件后，承包人应通知监理人在约定的期限内检查。 经监理人检查确认质量符合隐蔽要求，并在检查记录上签字后，承包人才能进行覆盖。监理人检查确认质量不合格的，承包人应在监理人指示的时间内修整返工后，由监理人重新检查
2	监理人未到场检查	监理人未按约定的时间进行检查的，除监理人另有指示外，承包人可自行完成覆盖工作，并作相应记录报送监理人，监理人应签字确认。 监理人事后对检查记录有疑问的，可重新检查
3	监理人重新检查	承包人覆盖工程隐蔽部位后，监理人对质量有疑问的，可要求承包人对已覆盖的部位进行钻孔探测或揭开重新检验，承包人应遵照执行，并在检验后重新覆盖恢复原状。 经检验证明工程质量符合合同要求的，由发包人承担由此增加的费用和（或）工期延误，并支付承包人合理利润；经检验证明工程质量不符合合同要求的，由此增加的费用和（或）工期延误由承包人承担
4	承包人私自覆盖	承包人未通知监理人到场检查，私自将工程隐蔽部位覆盖的，监理人有权指示承包人钻孔探测或揭开检查，由此增加的费用和（或）工期延误由承包人承担

缺陷责任期（工程质量保修期）的起算时间

序号	项目	内容
1	一般规定	除专用合同条款另有约定外，缺陷责任期（工程质量保修期）从工程通过合同工程完工验收后开始计算
2	未投入使用	在合同工程完工验收前，已经发包人提前验收的单位工程或部分工程，若未投入使用，其缺陷责任期（工程质量保修期）亦从工程通过合同工程完工验收后开始计算
3	已投入使用	若已投入使用，其缺陷责任期（工程质量保修期）从通过单位工程或部分工程投入使用验收后开始计算

工程质量保修责任终止证书

（1）合同工程完工验收或投入使用验收后，发包人与承包人应办理工程交接手续，承包人应向发包人递交工程质量保修书。

（2）工程质量保修期满后 30 个工作日内，发包人应向承包人颁发工程质量保修责任终止证书，并退还剩余的质量保证金，但保修责任范围内的质量缺陷未处理完成的应除外。

（3）水利水电工程质量保修期通常为一年，河湖疏浚工程无工程质量保修期。

考点 4　进度条款的内容

合同进度计划

序号	项目	内容
1	编制	（1）承包人应编制详细的施工总进度计划及其说明提交监理人审批。 （2）监理人应在约定的期限内批复承包人，否则该进度计划视为已得到批准。 （3）经监理人批准的施工进度计划称为合同进度计划，是控制合同工程进度的依据。 （4）承包人还应根据合同进度计划，编制更为详细的分阶段或单位工程或分部工程进度计划，报监理人审批
2	修订	当监理人认为需要修订合同进度计划时，承包人应按监理人的指示，在 14d 内向监理人提交修订的合同进度计划，并附调整计划的相关资料，提交监理人审批

工期延误

序号	项目	内容
1	发包人的工期延误	在履行合同过程中，由于发包人的下列原因造成工期延误的，承包人有权要求发包人延长工期和（或）增加费用，并支付合理利润。需要修订合同进度计划的，按照约定办理。 （1）增加合同工作内容。 （2）改变合同中任何一项工作的质量要求或其他特性。 （3）发包人延迟提供材料、工程设备或变更交货地点的。 （4）因发包人原因导致的暂停施工。 （5）提供图纸延误。 （6）未按合同约定及时支付预付款、进度款。 （7）发包人造成工期延误的其他原因
2	异常恶劣的气候条件	当工程所在地发生危及施工安全的异常恶劣气候时，发包人和承包人应及时采取暂停施工或部分暂停施工措施。异常恶劣气候条件解除后，承包人应及时安排复工。 异常恶劣气候条件造成的工期延误和工程损坏，应由发包人与承包人参照不可抗力的约定协商处理
3	承包人的工期延误	由于承包人原因，未能按合同进度计划完成工作，或监理人认为承包人施工进度不能满足合同工期要求的，承包人应采取措施加快进度，并承担加快进度所增加的费用。由于承包人原因造成工期延误，承包人应支付逾期竣工违约金。逾期竣工违约金的计算方法在专用合同条款中约定。承包人支付逾期竣工违约金，不免除承包人完成工程及修补缺陷的义务

暂停施工

序号	项目	内容
1	承包人暂停施工的责任	因下列暂停施工增加的费用和（或）工期延误由承包人承担： （1）承包人违约引起的暂停施工； （2）由于承包人原因为工程合理施工和安全保障所必需的暂停施工； （3）承包人擅自暂停施工； （4）承包人其他原因引起的暂停施工； （5）专用合同条款约定由承包人承担的其他暂停施工。
2	发包人暂停施工的责任	由于发包人原因引起的暂停施工造成工期延误的，承包人有权要求发包人延长工期和（或）增加费用，并支付合理利润。 属于下列任何一种情况引起的暂停施工，均为发包人的责任： （1）由于发包人违约引起的暂停施工； （2）由于不可抗力的自然或社会因素引起的暂停施工； （3）专用合同条款中约定的其他由于发包人原因引起的暂停施工
3	监理人暂停施工指示	（1）监理人认为有必要时，可向承包人作出暂停施工的指示，承包人应按监理人指示暂停施工。 （2）不论由于何种原因引起的暂停施工，暂停施工期间承包人应负责妥善保护工程并提供安全保障。 （3）由于发包人的原因发生暂停施工的紧急情况，且监理人未及时下达暂停施工指示的，承包人可先暂停施工，并及时向监理人提出暂停施工的书面请求。监理人应在接到书面请求后的24h内予以答复，逾期未答复的，视为同意承包人的暂停施工请求
4	暂停施工后的复工	当工程具备复工条件时，监理人应立即向承包人发出复工通知。承包人收到复工通知后，应在监理人指定的期限内复工。 承包人无故拖延和拒绝复工的，由此增加的费用和工期延误由承包人承担；因发包人原因无法按时复工的，承包人有权要求发包人延长工期和（或）增加费用，并支付合理利润
5	暂停施工持续56d以上	（1）监理人发出暂停施工指示后56d内未向承包人发出复工通知，除了该项停工属于承包人责任外的情况外，承包人可向监理人提交书面通知，要求监理人在收到书面通知后28d内准许已暂停施工的工程或其中一部分工程继续施工。如监理人逾期不予批准，则承包人可以通知监理人，将工程受影响的部分视为可取消工作。如暂停施工影响到整个工程，可视为发包人违约。 （2）由于承包人责任引起的暂停施工，如承包人在收到监理人暂停施工指示后56d内不认真采取有效的复工措施，造成工期延误，可视为承包人违约

考点5　工程结算

计量

序号	项目	内容
1	单价子目的计量	（1）已标价工程量清单中的单价子目工程量为估算工程量。结算工程量是承包人实际完成的，并按合同约定的计量方法进行计量的工程量。 （2）承包人对已完成的工程进行计量，向监理人提交进度付款申请单、已完成工程量报表和有关计量资料。

序号	项目	内容
1	单价子目的计量	（3）监理人对承包人提交的工程量报表进行复核，以确定实际完成的工程量。对数量有异议的，可要求承包人进行共同复核和抽样复测。承包人应协助监理人进行复核并按监理人要求提供补充计量资料。承包人未按监理人要求参加复核，监理人复核或修正的工程量视为承包人实际完成的工程量。 （4）监理人认为有必要时，可通知承包人共同进行联合测量、计量，承包人应遵照执行。 （5）承包人完成工程量清单中每个子目的工程量后，监理人应要求承包人派员共同对每个子目的历次计量报表进行汇总，以核实最终结算工程量。监理人可要求承包人提供补充计量资料，以确定最后一次进度付款的准确工程量。承包人未按监理人要求派员参加的，监理人最终核实的工程量视为承包人完成该子目的准确工程量。 （6）监理人应在收到承包人提交的工程量报表后的 7d 内进行复核，监理人未在约定时间内复核的，承包人提交的工程量报表中的工程量视为承包人实际完成的工程量，据此计算工程价款
2	总价子目的计量	（1）总价子目的计量和支付应以总价为基础，不因价格调整因素而进行调整。承包人实际完成的工程量，是进行工程目标管理和控制进度支付的依据。 （2）承包人应按工程量清单的要求对总价子目进行分解，并在签订协议书后的 28d 内将各子目的总价支付分解表提交监理人审批。分解表应标明其所属子目和分阶段需支付的金额。承包人应按批准的各总价子目支付周期，对已完成的总价子目进行计量，确定分项的应付金额列入进度付款申请单中。 （3）监理人对承包人提交的上述资料进行复核，以确定分阶段实际完成的工程量和工程形象目标。对其有异议的，可要求承包人进行共同复核和抽样复测。 （4）除变更外，总价子目的工程量是承包人用于结算的最终工程量

预付款

序号	项目	内容
1	定义和分类	预付款用于承包人为合同工程施工购置材料、工程设备、施工设备、修建临时设施以及组织施工队伍进场等，分为工程预付款和工程材料预付款。预付款必须专用于合同工程
2	额度	一般工程预付款为签约合同价的 10%，分两次支付，招标项目包含大宗设备采购的可适当提高但不宜超过 20%
3	工程预付款的扣回	$$R=\frac{A}{(F_2-F_1)\ S}\ (C-F_1S)$$ 式中　R——每次进度付款中累计扣回的金额； 　　　A——工程预付款总金额； 　　　S——签约合同价； 　　　C——合同累计完成金额； 　　　F_1——开始扣款时合同累计完成金额达到签约合同价的比例，一般取 20%； 　　　F_2——全部扣清时合同累计完成金额达到签约合同价的比例，一般取 80%～90%

工程进度付款

序号	项目	内容
1	进度付款申请单	（1）截至本次付款周期末已实施工程的价款。 （2）变更金额。 （3）索赔金额。 （4）应支付的预付款和扣减的返还预付款。 （5）应扣减的质量保证金。 （6）根据合同应增加和扣减的其他金额
2	进度付款证书和支付时间	（1）监理人在收到承包人进度付款申请单以及相应的支持性证明文件后的14d内完成核查，经发包人审查同意后，出具经发包人签认的进度付款证书。 （2）发包人应在监理人收到进度付款申请单后的28d内，将进度应付款支付给承包人。发包人不按期支付的，按专用合同条款的约定支付逾期付款违约金。 （3）监理人出具进度付款证书，不应视为监理人已同意、批准或接受了承包人完成的该部分工作。 （4）进度付款涉及政府投资资金的，按照国库集中支付等国家相关规定和专用合同条款的约定办理

质量保证金

序号	项目	内容
1	扣留	（1）从第一个付款周期在付给承包人的工程进度付款中（不包括预付款支付和扣回）扣留5%～8%，直至达到规定的质量保证金总额。 （2）一般情况下，质量保证金总额为签约合同价的2.5%～5%。 在工程项目竣工前，已缴纳履约保证金的，建设单位不得同时预留工程质量保证金。 根据《住房城乡建设部 财政部关于印发〈建设工程质量保证金管理办法〉的通知》，发包人应按照合同约定方式预留保留金，保证金总预留比例不得高于工程价款结算总额的3%。合同约定由承包人以银行保函替代预留保证金的，保函金额不得高于工程价款结算总额的3%
2	退还	（1）合同工程完工证书颁发后14d内，发包人将质量保证金总额的一半支付给承包人。 （2）在工程质量保修期满时，发包人将在30个工作日内核实后将剩余的质量保证金支付给承包人。 （3）在工程质量保修期满时，承包人没有完成缺陷责任的，发包人有权扣留与未履行责任剩余工作所需金额相应的质量保证金余额，并有权延长缺陷责任期，直至完成剩余工作为止

完工结算

序号	项目	内容
1	完工付款申请单	完工结算合同总价、发包人已支付承包人的工程价款、应扣留的质量保证金、应支付的完工付款金额

序号	项目	内容
2	完工付款证书及支付时间	(1) 监理人在收到承包人提交的完工付款申请单后的14d内完成核查，提出发包人到期应支付给承包人的价款送发包人审核并抄送承包人。 (2) 发包人应在收到后14d内审核完毕，由监理人向承包人出具经发包人签认的完工付款证书。 (3) 监理人未在约定时间内核查，又未提出具体意见的，视为承包人提交的完工付款申请单已经监理人核查同意。 (4) 发包人未在约定时间内审核又未提出具体意见的，监理人提出发包人到期应支付给承包人的价款视为已经发包人同意。 (5) 发包人应在监理人出具完工付款证书后的14d内，将应支付款支付给承包人。发包人不按期支付的，将逾期付款违约金支付给承包人。 (6) 承包人对发包人签认的完工付款证书有异议，发包人可出具完工付款申请单中承包人已同意部分的临时付款证书。 (7) 完工付款涉及政府投资资金的，按照国库集中支付等国家相关规定和专用合同条款的约定办理

最终结清

序号	项目	内容
1	最终结清申请单	提交时间：工程质量保修责任终止证书签发后。 提交要求：承包人按监理人批准的格式提交
2	最终结清证书和支付时间	(1) 监理人收到承包人提交的最终结清申请单后的14d内，提出发包人应支付给承包人的价款送发包人审核并抄送承包人。 (2) 发包人应在收到后14d内审核完毕，由监理人向承包人出具经发包人签认的最终结清证书。 (3) 监理人未在约定时间内核查，又未提出具体意见的，视为承包人提交的最终结清申请已经监理人核查同意。 (4) 发包人未在约定时间内审核又未提出具体意见的，监理人提出应支付给承包人的价款视为已经发包人同意。 (5) 发包人应在监理人出具最终结清证书后的14d内，将应支付款支付给承包人。发包人不按期支付的，将逾期付款违约金支付给承包人。 (6) 最终结清付款涉及政府投资资金的，按照国库集中支付等国家相关规定和专用合同条款的约定办理。 (7) 最终结清后，发包人的支付义务结束

考点6 变更与索赔的处理方法与原则

工程变更

序号	项目	内容
1	范围和内容	在履行合同中发生以下情形之一，应进行变更： (1) 取消合同中任何一项工作，但被取消的工作不能转由发包人或其他人实施； (2) 改变合同中任何一项工作的质量或其他特性； (3) 改变合同工程的基线、标高、位置或尺寸； (4) 改变合同中任何一项工作的施工时间或改变已批准的施工工艺或顺序； (5) 为完成工程需要追加的额外工作； (6) 增加或减少专用合同条款中约定的关键项目工程量超过其工程总量的一定数量百分比

序号	项目	内容
2	变更指示	（1）变更指示只能由监理人发出。 （2）变更指示应说明变更的目的、范围、变更内容以及变更的工程量及其进度和技术要求，并附有关图纸和文件
3	估价原则	除专用合同条款另有约定外，因变更引起的价格调整按照本款约定处理。 （1）已标价工程量清单中有适用于变更工作的子目的，采用该子目的单价。 （2）已标价工程量清单中无适用于变更工作的子目，但有类似子目的，可在合理范围内参照类似子目的单价，由监理人按合同相关条款商定或确定变更工作的单价。 （3）已标价工程量清单中无适用或类似子目的单价，可按照成本加利润的原则，由监理人商定或确定变更工作的单价

索赔

序号	项目		内容
1	承包人索赔	提出索赔程序	（1）承包人应在知道或应当知道索赔事件发生后28d内，向监理人递交索赔意向通知书，并说明发生索赔事件的事由。承包人未在前述28d内发出索赔意向通知书的，丧失要求追加付款和（或）延长工期的权利。 （2）承包人应在发出索赔意向通知书后28d内，向监理人正式递交索赔通知书。索赔通知书应详细说明索赔理由以及要求追加的付款金额和（或）延长的工期，并附必要的记录和证明材料。 （3）索赔事件具有连续影响的，承包人应按合理时间间隔继续递交延续索赔通知，说明连续影响的实际情况和记录，列出累计的追加付款金额和（或）工期延长天数。 （4）在索赔事件影响结束后的28d内，承包人应向监理人递交最终索赔通知书，说明最终要求索赔的追加付款金额和延长的工期，并附必要的记录和证明材料
		处理程序	（1）监理人收到承包人提交的索赔通知书后，应及时审查索赔通知书的内容、查验承包人的记录和证明材料，必要时监理人可要求承包人提交全部原始记录副本。 （2）监理人应商定或确定追加的付款和（或）延长的工期，并在收到上述索赔通知书或有关索赔的进一步证明材料后的42d内，将索赔处理结果答复承包人。 （3）承包人接受索赔处理结果的，发包人应在作出索赔处理结果答复后28d内完成赔付。承包人不接受索赔处理结果的，按争议约定办理
		提出索赔的期限	（1）承包人接受了完工付款证书后，应被认为已无权再提出在合同工程完工证书颁发前所发生的任何索赔。 （2）承包人提交的最终结清申请单中，只限于提出合同工程完工证书颁发后发生的索赔。提出索赔的期限自接受最终结清证书时终止
2	发包人索赔		（1）发生索赔事件后，监理人应及时书面通知承包人，详细说明发包人有权得到的索赔金额和（或）延长缺陷责任期的细节和依据。 （2）发包人提出索赔的期限和要求与承包人索赔相同，延长工程质量保修期的通知应在工程质量保修期届满前发出。 （3）监理人商定或确定发包人从承包人处得到赔付的金额和（或）工程质量保修期的延长期。 （4）承包人应付给发包人的金额可从拟支付给承包人的合同价款中扣除，或由承包人以其他方式支付给发包人。 （5）承包人对监理人发出的索赔书面通知内容持异议时，应在收到书面通知后的14d内，将持有异议的书面报告及其证明材料提交监理人。 （6）监理人应在收到承包人书面报告后的14d内，将异议的处理意见通知承包人，并执行赔付。若承包人不接受监理人的索赔处理意见，可按本合同争议的规定办理

序号	项目	内容
1	采用造价信息调整价格差额	已标价工程量清单应列出调差子目材料消耗量，以及调差子目施工月份对应的工程造价信息采用规则。 材料价格调整的具体方法为： $$\Delta P = P_0 - \text{Max}\,(P_1,\ P_2)\,(1 \pm r\%)$$ 式中 ΔP——材料价格调差额； P_0——施工当月上述指定造价信息来源对应的信息价； P_1——投标人对应投标材料价格； P_2——投标截止日前上述指定来源对应的最新信息价； r——风险幅度系数，物价波动在风险幅度范围（$-r\%$，$+r\%$）以内不进行价格调整；价格调增时取"$+$"号，价格调减时取"$-$"号
2	公式法	价格调整公式： $$\Delta P = P_0 \left[A + \left(B_1 \times \frac{F_{t1}}{F_{01}} + B_2 \times \frac{F_{t2}}{F_{02}} + B_3 \times \frac{F_{t3}}{F_{03}} + \cdots + B_n \times \frac{F_{tn}}{F_{0n}} \right) - 1 \right]$$ 式中 ΔP——需调整的价格差额； P_0——付款证书中承包人应得到的已完成工程量的金额；此项金额应不包括价格调整、不计质量保证金的扣留和支付、预付款的支付和扣回；变更及其他金额已按现行价格计价的，也不计在内； A——定值权重（即不调部分的权重）； B_1，B_2，B_3，$\cdots$，B_n——各可调因子的变值权重（即可调部分的权重），为各可调因子在投标函投标总报价中所占的比例； F_{t1}，F_{t2}，F_{t3}，$\cdots$，F_{tn}——各可调因子的现行价格指数，指付款证书相关周期最后一天的前42d的各可调因子的价格指数； F_{01}，F_{02}，F_{03}，$\cdots$，F_{0n}——各可调因子的基本价格指数，指基准日期的各可调因子的价格指数。 价格调整公式中的各可调因子、定值和变值权重，以及基本价格指数及其来源在投标函附录价格指数和权重表中约定

考点 7　施工分包的要求

承包单位分包管理职责

（1）承包人和分包人应当依法签订分包合同，并履行合同约定的义务。分包合同必须遵循承包合同的各项原则，满足承包合同中技术、经济条款。承包人应在分包合同签订后7个工作日内，送发包人备案。

（2）除发包人依法指定分包外，承包人对其分包项目的实施以及分包人的行为向发包人负全部责任。承包人应对分包项目的工程进度、质量、安全、计量和验收等实施监督和管理。

（3）承包人和分包人应当设立项目管理机构，组织管理所承包或分包工程的施工活动。

项目管理机构应当具有与所承担工程的规模、技术复杂程度相适应的技术、经济管理人员。其中项目负责人、技术负责人、财务负责人、质量管理人员、安全管理人员必须是本单位人员。

认定为转包与违法分包的情形

序号	项目	情形
1	认定为转包	（1）承包单位将承包的全部建设工程转包给其他单位（包括母公司承接工程后将所承接工程交由具有独立法人资格的子公司施工的情形）或个人的。 （2）将承包的全部建设工程肢解后以分包名义转包给其他单位或个人的。 （3）承包单位将其承包的全部工程以内部承包合同等形式交由分公司施工。 （4）采取联营合作形式承包，其中一方将其全部工程交由联营另一方施工。 （5）全部工程由劳务作业分包单位实施，劳务作业分包单位计取报酬是除上缴给承包单位管理费之外全部工程价款的。 （6）签订合同后，承包单位未按合同约定设立现场管理机构；或未按投标承诺派驻本单位主要管理人员或未对工程质量、进度、安全、财务等进行实质性管理。 （7）承包单位不履行管理义务，只向实际施工单位收取管理费。 （8）法律法规规定的其他转包行为。 本单位人员是指在本单位工作，并与本单位签订劳动合同，由本单位支付劳动报酬、缴纳社会保险的人员
2	认定为违法分包	（1）将工程分包给不具备相应资质或安全生产许可证的单位或个人施工的。 （2）施工承包合同中未有约定，又未经项目法人书面认可，将工程分包给其他单位施工的。 （3）将主要建筑物的主体结构工程分包的。 （4）工程分包单位将其承包的工程中非劳务作业部分再次分包的。 （5）劳务作业分包单位将其承包的劳务作业再分包的；或除计取劳务作业费用外，还计取主要建筑材料款和大中型机械设备费用的。 （6）承包单位未与分包单位签订分包合同，或分包合同不满足承包合同中相关要求的。 （7）法律法规规定的其他违法分包行

分包问题的认定与责任追究

序号	分包问题	内容
1	一般合同问题	项目法人方面： （1）未及时审批施工单位上报的工程分包文件； （2）未对施工分包、劳务分包等合同进行备案
2	较重合同问题	（1）项目法人方面：未按要求严格审核分包人有关资质和业绩证明材料。 （2）施工单位方面： 1）签订的劳务合同不规范； 2）未按分包合同约定计量规则和时限进行计量； 3）未按分包合同约定及时、足额支付合同价款
3	严重合同问题	（1）项目法人方面： 1）对违法分包或转包行为未采取有效措施处理； 2）对工程分包合同履约情况检查不力。 （2）施工单位方面： 1）工程分包未履行报批手续； 2）未经发包人批准将主要建筑物的主体结构工程分包； 3）未按要求严格审核工程分包单位的资质和业绩； 4）对工程分包合同履行情况检查不力

2F320060　水利水电工程质量管理

【考点图谱】

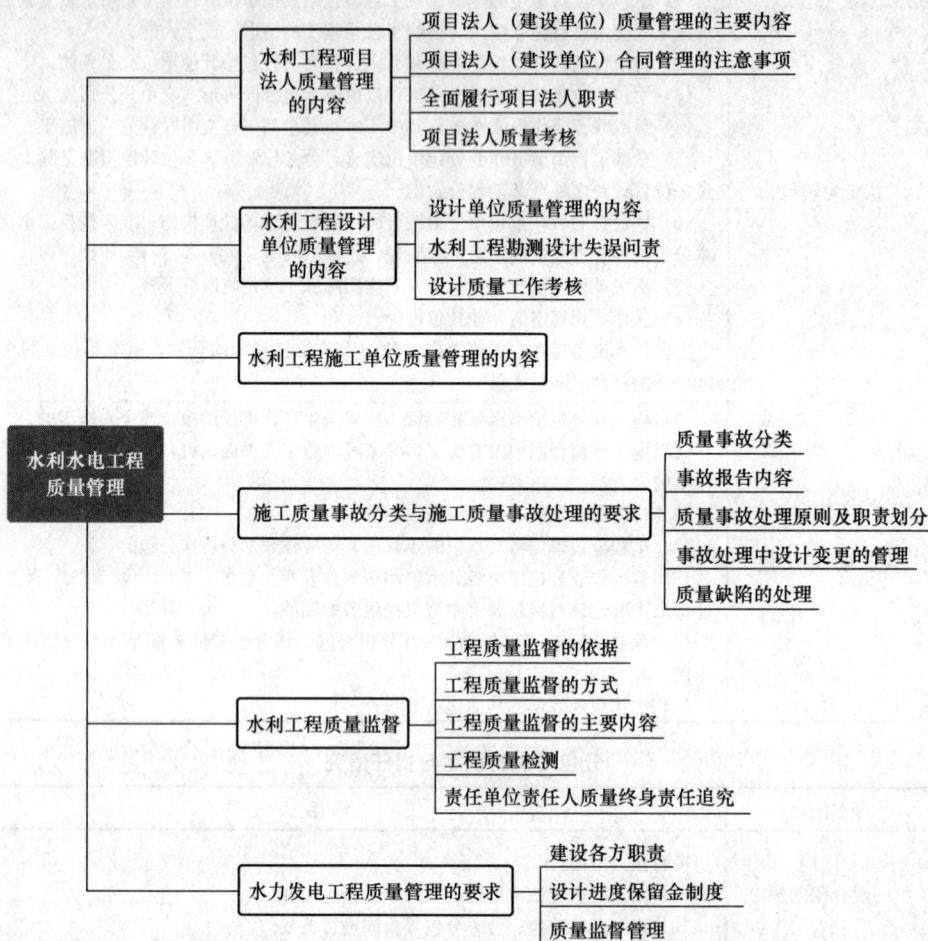

【考点精析】

考点1　水利工程项目法人质量管理的内容

水利工程项目法人质量管理的相关内容

序号	项目	内容
1	项目法人项目管理的主要职责	（1）项目法人必须严格遵守国家有关法律法规，定期开展制度执行情况自查，加强对参建单位的管理。 （2）项目法人应根据项目特点，依法依规选择工程承发包方式。 （3）项目法人应加强对参建单位的合同履约管理。 （4）项目法人应建立对参建单位合同履约情况的监督检查台账，实行闭环管理。 （5）项目法人应切实履行廉政建设主体责任，落实防控措施，加强工程建设管理全过程廉政风险防控

106

序号	项目	内容
2	项目法人质量考核	考核采用评分法，满分为100分，其中总体考核得分占考核总分的60%，项目考核得分占考核总分的40%。考核结果分4个等级，分别为：A级（考核排名前10名，且得分90分及以上的）、B级（A级以后，且得分80分及以上的）、C级（B级以后，且得分在60分以上的）、D级（得分60分以下或发生重、特大质量事故的）。涉及项目法人质量管理工作主要考核以下内容： （1）质量管理体系建立情况。 （2）质量管理程序报备程序。 （3）质量主体责任履行情况。 （4）参建单位质量检查情况。 （5）历次稽查、检查、巡查提出质量问题整改

考点2　水利工程设计单位质量管理的内容

水利工程勘测设计失误问责

序号	项目		内容
1	定性		水利工程勘测设计失误是指初步设计批复后的勘测设计行为与成果存在以下情形之一： （1）不符合相关法律、法规、规章。 （2）不符合强制性标准。 （3）不符合推荐性技术标准又未进行必要论证。 （4）不符合批准的项目初步设计和重大设计变更。 （5）降低工程质量标准、影响工程功能发挥、导致工程存在安全隐患或发生较大程度的投资增加
2	问责对象		造成水利工程勘测设计失误的责任单位和责任人
3	发现方式		巡查、稽察、监督检查和调查
4	分级		分为一般勘测设计失误、较重勘测设计失误和严重勘测设计失误
5	问责方式	对责任单位的问责方式	（1）责令整改。 （2）警示约谈。 （3）通报批评。 （4）建议责令停业整顿。 （5）建议降低资质等级。 （6）建议吊销资质证书
		对责任人的问责方式	（1）书面检查。 （2）警示约谈。 （3）通报批评。 （4）留用察看。 （5）调离岗位。 （6）降级撤职

考点 3　水利工程施工单位质量管理的内容

建筑业企业资质等级

序号	资质等级	内容
1	施工总承包资质	获得施工总承包资质的企业，可以对工程实行施工总承包或者对主体工程实行施工承包。承包企业可以对所承接的工程全部自行施工，也可以将非主体工程或者劳务作业分包给具有相应专业承包资质或者劳务分包资质的其他企业
2	专业承包资质	获得专业承包资质的企业，可以承接施工总承包企业分包的专业工程或者招标人发包的专业工程。专业承包企业可以对所承接的工程全部自行施工，也可以将劳务作业分包给具有相应劳务分包资质的企业
3	劳务分包资质	获得劳务分包资质的企业，可以承接施工总承包企业或者专业承包企业分包的劳务作业

施工单位质量管理的主要内容

序号	项目	内容
1	依规施工	施工单位必须依据国家和水利行业有关工程建设法规、技术规程、技术标准的规定以及设计文件和施工合同的要求进行施工，并对其施工的工程质量负责
2	不得转包及违法分包	施工单位不得将其承接的水利建设项目的主体工程进行转包。对工程的分包，分包单位必须具备相应资质等级，并对其分包工程的施工质量向总包单位负责，总包单位对全部工程质量向项目法人（建设单位）负责
3	质量控制措施	施工单位要推行全面质量管理，建立健全质量保证体系，制定和完善岗位质量规范、质量责任及考核办法，落实质量责任制。在施工过程中要加强质量检验工作，认真执行"三检制"，切实做好工程质量的全过程控制
4	质量要求	竣工工程质量必须符合国家和水利行业现行的工程标准及设计文件要求，并应向项目法人（建设单位）提交完整的技术档案、试验成果及有关资料

考点 4　施工质量事故分类与施工质量事故处理的要求

水利工程质量事故分类

损失情况	事故类别	特大质量事故	重大质量事故	较大质量事故	一般质量事故
事故处理所需的物资、器材和设备、人工等直接损失费（人民币万元）	大体积混凝土，金属制作和机电安装工程	>3000	>500 ≤3000	>100 ≤500	>20 ≤100
	土石方工程、混凝土薄壁工程	>1000	>100 ≤1000	>30 ≤100	>10 ≤30
事故处理所需合理工期（月）		>6	>3 ≤6	>1 ≤3	≤1
事故处理后对工程和寿命影响		影响工程正常使用，需限制条件使用	不影响工程正常使用，但对工程寿命有较大影响	不影响工程正常使用，但对工程寿命有一定影响	不影响工程正常使用和工程寿命

事故报告内容

根据《水利工程质量事故处理暂行规定》（水利部令第9号），事故发生后，事故单位要严格保护现场，采取有效措施抢救人员和财产，防止事故扩大。

发生质量事故后，项目法人必须将事故的简要情况向项目主管部门报告。有关事故报告应包括以下主要内容：

（1）工程名称、建设地点、工期，项目法人、主管部门及负责人电话；

（2）事故发生的时间、地点、工程部位以及相应的参建单位名称；

（3）事故发生的简要经过、伤亡人数和直接经济损失的初步估计；

（4）事故发生原因初步分析；

（5）事故发生后采取的措施及事故控制情况；

（6）事故报告单位、负责人以及联络方式。

事故调查分析处理程序

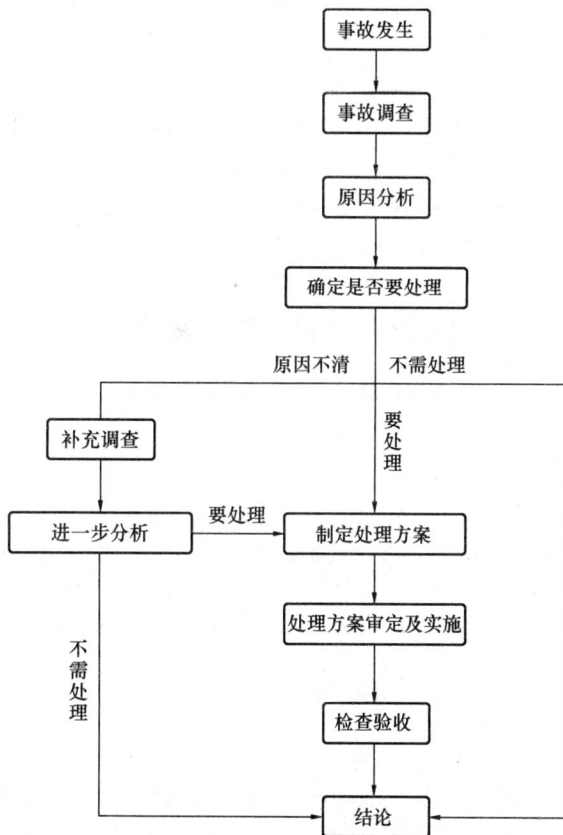

事故处理原则及职责划分

序号	项目	内容
1	处理原则	坚持"事故原因不查清楚不放过、主要事故责任者和职工未受到教育不放过、补救和防范措施不落实不放过、责任人员未受到处理不放过"的原则

序号	项目		内容
2	职责划分	一般质量事故	由项目法人负责组织有关单位制定处理方案并实施，报上级主管部门备案
		较大质量事故	由项目法人负责组织有关单位制定处理方案，经上级主管部门审定后实施，报省级水行政主管部门或流域备案
		重大质量事故	由项目法人负责组织有关单位提出处理方案，征得事故调查组意见后，报省级水行政主管部门或流域机构审定后实施
		特大质量事故	由项目法人负责组织有关单位提出处理方案，征得事故调查组意见后，报省级水行政主管部门或流域机构审定后实施，并报水利部备案

质量缺陷的处理

序号	项目	内容
1	质量缺陷的概念	质量缺陷，是指小于一般质量事故的质量问题，即因特殊原因，使得工程个别部位或局部达不到规范和设计要求（不影响使用），且未能及时进行处理的工程质量缺陷问题（质量评定仍为合格）
2	质量缺陷备案内容	质量缺陷产生的部位、原因，对质量缺陷是否处理和如何处理以及对建筑物使用的影响等
3	质量缺陷备案表	质量缺陷备案资料必须按竣工验收的标准制备，作为工程竣工验收备查资料存档。质量缺陷备案表由监理单位组织填写

考点5　水利工程质量监督

工程质量监督的方式及监督项目

序号	项目	内容
1	监督方式	水利工程质量监督方式以抽查为主。 各级质量监督机构的质量监督人员由专职质量监督员和兼职质量监督员组成。其中，兼职质量监督员为工程技术人员，凡从事该工程监理、设计、施工、设备制造的人员不得担任该工程的兼职质量监督员
2	监督项目	（1）受理质量监督申请。 （2）制定质量监督工作计划。 （3）确认工程项目划分。 （4）确认或核备质量评定标准。 （5）开展质量监督检查：①复核质量责任主体资质；②检查或复核质量责任主体的质量管理体系建立情况；③检查质量责任主体的质量管理体系运行情况；④质量监督检测。 （6）核备工程验收结论。 （7）质量问题处理。 （8）编写工程质量评价意见或质量监督报告。 （9）列席项目法人主持的验收。 （10）参加项目主管部门主持或委托有关部门主持的验收。 （11）建立质量监督档案。 （12）受理质量举报投诉

工程质量检测

序号	项目	内容
1	检测单位	检测单位应当在资质等级许可的范围内承担质量检测业务。 检测单位资质分为岩土工程、混凝土工程、金属结构、机械电气和量测共 5 个类别，每个类别分为甲级、乙级 2 个等级
2	质量工作考核	根据《水利部关于修订印发水利建设质量工作考核办法的通知》（水建管［2018］102号），建设项目质量监督管理工作主要考核以下内容： （1）质量监督计划； （2）参建单位质量行为和实体质量检查； （3）工程质量核备

水利工程责任单位责任人质量终身责任追究

序号	项目	内容
1	水利工程责任单位	水利工程责任单位是指承担水利工程项目建设单位（项目法人，下同）、勘察、设计、施工、监理等单位
2	责任单位责任人	责任单位责任人包括责任单位的法定代表人、项目负责人和直接责任人等
3	质量终身责任	水利工程责任单位责任人的质量终身责任，是指水利工程责任单位责任人按照国家法律法规和有关规定，在工程合理使用年限内对工程质量承担相应责任。 建设单位对水利工程建设质量负首要责任，对工程质量承担全面责任。 建设单位法定代表人对工程质量负总责，勘察、设计、施工、监理等单位法定代表人按各自职责对所承建项目的工程质量负领导责任
4	质量终身责任制度	工程质量终身责任实行书面承诺和竣工后永久性标识等制度。 项目负责人应当在办理工程质量监督手续前签署工程质量终身责任承诺书，连同项目负责人证明材料，由建设单位报工程质量监督机构备案
5	追究责任单位责任人的质量终身责任	符合下列情形之一的，县级以上人民政府水行政主管部门应当依法追究责任单位责任人的质量终身责任： （1）发生工程质量事故。 （2）发生投诉、举报、群体性事件、媒体负面报道等情形，并造成恶劣社会影响的严重工程质量问题。 （3）由于勘察、设计或施工原因造成尚在合理使用年限内的水利工程不能正常使用或在洪水防御、抗震等设计标准范围内不能正常发挥作用。 （4）存在其他需追究责任的违法违规行为

考点 6 水力发电工程质量管理的要求

水力发电工程质量监督管理

序号	项目	内容
1	管理部门	（1）国家能源局依法依规对全国电力建设工程质量实施统一监督管理。 （2）国家能源局电力安全监管司归口全国电力建设工程质量监督管理工作。 （3）质量监督不代替建设、监理、设计、施工等单位的质量管理工作。未经审批、核准、备案的电力建设工程，质监机构不得受理其质量监督注册申请

序号	项目	内容
2	质量监督工作	（1）质量监督范围为水电建设工程主体工程及其主要附属工程。 （2）质量监督检查责任主体质量行为和工程实体质量。 （3）质量监督一般采取巡视检查的工作方式。巡视检查主要分为阶段性质量监督检查、专项质量监督检查和随机抽查质量监督检查，其中： ① 阶段性质量监督检查不得省略或替代。阶段性质量监督检查包括首次质量监督、截流阶段质量监督（除大型水电工程外，可与首次质量监督合并开展）、蓄水阶段质量监督、机组启动阶段质量监督和竣工验收阶段枢纽工程专项验收质量监督。除首次质量监督外，阶段性质量监督检查应提出工程质量是否满足相应阶段验收条件的结论性意见（作为阶段性验收的依据）。 ② 专项质量监督检查主要针对一定建设规模、具有一定技术特点的工程开展。专项质量监督检查包括坝基覆盖前专项质量监督、输水系统冲（排）水实验前专项质量监督、电站受电前电气设备专项质量监督。 ③ 随机抽查质量监督需结合工程建设特点、技术难点，形象面貌等情况，以重点抽查验证的检查方式，按照《水电建设工程质量监督检查大纲》附件中相应的质量行为、实体质量监督检查内容进行选择性抽查或开展集中的实体质量验证性抽查检测

2F320070　水利水电工程施工质量评定

【考点图谱】

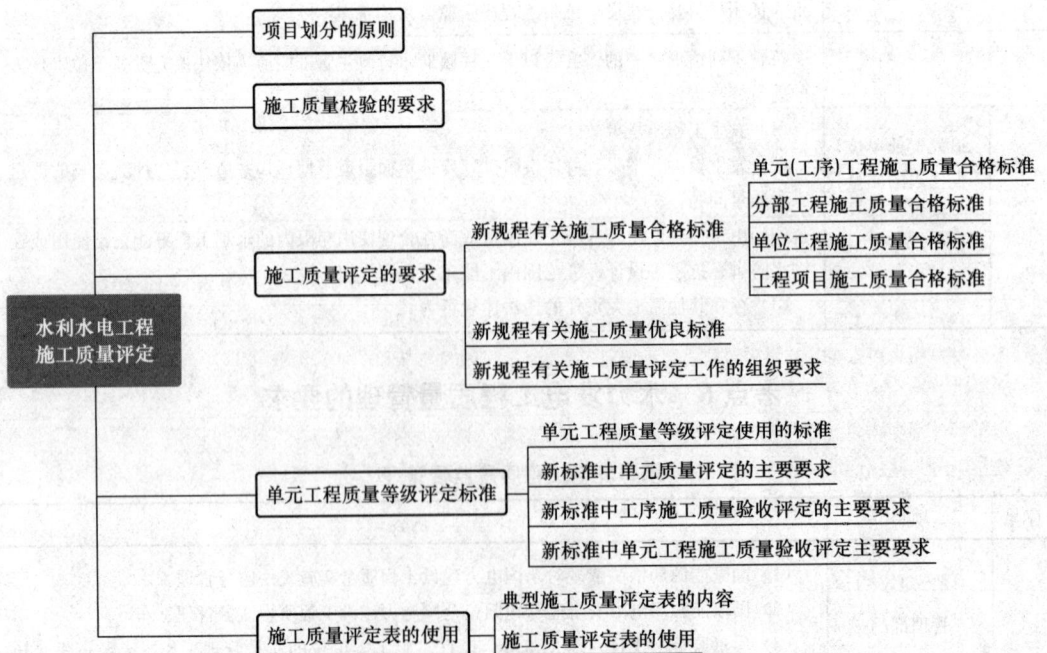

考点1　项目划分的原则

项目划分的原则

序号	项目	划分原则
1	单位工程	（1）枢纽工程，一般以每座独立的建筑物为一个单位工程。当工程规模大时，可将一个建筑物中具有独立施工条件的一部分划分为一个单位工程。 （2）堤防工程，按招标标段或工程结构划分单位工程。可将规模较大的交叉连结建筑物及管理设施以每座独立的建筑物划分为一个单位工程。 （3）引水（渠道）工程，按招标标段或工程结构划分单位工程。可将大、中型（渠道）建筑物以每座独立的建筑物划分为一个单位工程。 （4）除险加固工程，按招标标段或加固内容，并结合工程量划分单位工程
2	分部工程	（1）枢纽工程，土建部分按设计的主要组成部分划分；金属结构及启闭机安装工程和机电设备安装工程按组合功能划分。 （2）堤防工程，按长度或功能划分。 （3）引水（渠道）工程中的河（渠）道按施工部署或长度划分。大、中型建筑物按工程结构主要组成部分划分。 （4）除险加固工程，按加固内容或部位划分。 （5）同一单位工程中，各个分部工程的工程量（或投资）不宜相差太大，每个单位工程中的分部工程数目，不宜少于5个
3	单元工程	（1）按《水利建设工程单元工程施工质量验收评定标准》（简称《单元工程评定标准》）规定进行划分。 （2）河（渠）道开挖、填筑及衬砌单元工程划分界限宜设在变形缝或结构缝处，长度一般不大于100m。同一分部工程中各单元工程的工程量（或投资）不宜相差太大。 （3）《单元工程评定标准》中未涉及的单元工程可依据工程结构、施工部署或质量考核要求，按层、块、段进行划分

考点2　施工质量检验的要求

施工质量检验的基本要求

序号	项目	内容
1	基本要求	对涉及工程结构安全的试块、试件及有关材料，应实行见证取样。见证取样资料由施工单位制备，记录应真实齐全，参与见证取样人员应在相关文件上签字
2	工程中出现检验不合格项目的处理	（1）原材料、中间产品一次抽样检验不合格时，应及时对同一取样批次另取两倍数量进行检验，如仍不合格，则该批次原材料或中间产品应当定为不合格，不得使用。 进入施工现场的钢筋，应具有出厂质量证明书或试验报告单，每捆（盘）钢筋均应挂上标牌，标牌上应注有厂标、钢号、产品批号、规格、尺寸等项目，在运输和储存时不得损坏和遗失这些标牌。 到货钢筋应分批检查每批钢筋的外观质量，查看锈蚀程度及有无裂缝、结疤、麻坑、气泡、砸碰伤痕等，并应测量钢筋的直径。应分批进行检验，检验时以60t同一炉（批）号、同一规格尺寸的钢筋为一批。随机选取2根经外部质量检查和直径测量合格的钢筋，各截取一个抗拉试件和一个冷弯试件进行检验，不得在同一根钢筋上取两个或两个以上同用途的试件。钢筋取样时，钢筋端部要先截去500mm再取式样。在拉力检验项目中，包括屈服点、抗拉强度和伸长率三个指标。如有一个指标不符合规定，即认为拉力检验项目不合格。冷弯试件弯曲后，不得有裂纹、剥落或断裂。对钢号不明的钢筋，需经检验合格方可使用。检验时抽取的试件不得少于6组。

序号	项目	内容
2	工程中出现检验不合格项目的处理	（2）单元（工序）工程质量不合格时，应按合同要求进行处理或返工重作，并经重新检验且合格后方可进行后续工程施工。 （3）混凝土（砂浆）试件抽样检验不合格时，应委托具有相应资质等级的质量检测机构对相应工程部位进行检验。如仍不合格，由项目法人组织有关单位进行研究，并提出处理意见。 （4）工程完工后的质量抽检不合格，或其他检验不合格的工程，应按有关规定进行处理，合格后才能进行验收或后续工程施工

考点 3 施工质量评定的要求

新规程有关施工质量合格标准

序号	项目	施工质量合格标准
1	单元（工序）工程	（1）单元（工序）工程施工质量评定标准按照《单元工程评定标准》或合同约定的合格标准执行。 （2）单元（工序）工程质量达不到合格标准时，应及时处理。处理后的质量等级按下列规定重新确定： ① 全部返工重做的，可重新评定质量等级。 ② 经加固补强并经设计和监理单位鉴定能达到设计要求时，其质量评为合格。 ③ 处理后的工程部分质量指标仍达不到设计要求时，经设计复核，项目法人及监理单位确认能满足安全和使用功能要求，可不再进行处理；或经加固补强后，改变了外形尺寸或造成工程永久性缺陷的，经项目法人、监理及设计单位确认能基本满足设计要求，其质量可定为合格，但应按规定进行质量缺陷备案
2	分部工程	（1）所含单元工程的质量全部合格。质量事故及质量缺陷已按要求处理，并经检验合格。 （2）原材料、中间产品及混凝土（砂浆）试件质量全部合格，金属结构及启闭机制造质量合格，机电产品质量合格
3	单位工程	（1）所含分部工程质量全部合格。 （2）质量事故已按要求进行处理。 （3）工程外观质量得分率达到70%以上。 （4）单位工程施工质量检验与评定资料基本齐全。 （5）工程施工期及试运行期，单位工程观测资料分析结果符合国家和行业技术标准以及合同约定的标准要求
4	工程项目	（1）单位工程质量全部合格。 （2）工程施工期及试运行期，各单位工程观测资料分析结果均符合国家和行业技术标准以及合同约定的标准要求

注：《水利水电工程施工质量检验与评定规程》简称新规程。

新规程有关施工质量优良标准

序号	项目	施工质量优良标准
1	单元工程	全部返工重做的单元工程，经检验达到优良标准时，可评为优良等级

序号	项目	施工质量优良标准
2	分部工程	（1）所含单元工程质量全部合格，其中70％以上达到优良等级，主要单元工程以及重要隐蔽单元工程（关键部位单元工程）质量优良率达90％以上，且未发生过质量事故。 （2）中间产品质量全部合格，混凝土（砂浆）试件质量达到优良等级（当试件组数小于30时，试件质量合格）。原材料质量、金属结构及启闭机制造质量合格，机电产品质量合格
3	单位工程	（1）所含分部工程质量全部合格，其中70％以上达到优良等级，主要分部工程质量全部优良，且施工中未发生过较大质量事故。 （2）质量事故已按要求进行处理。 （3）外观质量得分率达到85％以上。 （4）单位工程施工质量检验与评定资料齐全。 （5）工程施工期及试运行期，单位工程观测资料分析结果符合国家和行业技术标准以及合同约定的标准要求
4	工程项目	（1）单位工程质量全部合格，其中70％以上单位工程质量达到优良等级，且主要单位工程质量全部优良。 （2）工程施工期及试运行期，各单位工程观测资料分析结果均符合国家和行业技术标准以及合同约定的标准要求

新规程有关施工质量评定工作的组织要求

序号	项目	内容
1	单元（工序）工程质量	在施工单位自评合格后，报监理单位复核，由监理工程师核定质量等级并签证认可
2	重要隐蔽单元工程及关键部位单元工程质量	经施工单位自评合格、监理单位抽检后，由项目法人（或委托监理）、监理、设计、施工、工程运行管理（施工阶段已经有时）等单位组成联合小组，共同检查核定其质量等级并填写签证表，报工程质量监督机构核备
3	分部工程质量	在施工单位自评合格后，报监理单位复核，项目法人认定。分部工程验收的质量结论由项目法人报质量监督机构核备。大型枢纽工程主要建筑物的分部工程验收的质量结论由项目法人报工程质量监督机构核定
4	单位工程	在施工单位自评合格后，由监理单位复核，项目法人认定。单位工程验收的质量结论由项目法人报质量监督机构核定
5	工程外观质量	单位工程完工后，项目法人组织监理、设计、施工及工程运行管理等单位组成工程外观质量评定组，进行工程外观质量检验评定并将评定结论报工程质量监督机构核定。参加工程外观质量评定的人员应具有工程师以上技术职称或相应执业资格。评定组人数不少于5人，大型工程宜不少于7人
6	工程项目质量	在单位工程质量评定合格后，由监理单位进行统计并评定工程项目质量等级，经项目法人认定后，报质量监督机构核定

考点 4　单元工程质量等级评定标准

工序施工质量验收评定资料

序号	项目	内容
1	施工单位应提交的资料	(1) 各班、组的初检记录、施工队复检记录、施工单位专职质检员终验记录。 (2) 工序中各施工质量检验项目的检验资料。 (3) 施工单位自检完成后，填写的工序施工质量验收评定表
2	监理单位应提交的资料	(1) 监理单位对工序中施工质量检验项目的平行检测资料（包括跟踪检测）。 (2) 监理工程师签署质量复核意见的工序施工质量验收评定表

工序施工质量评定标准

序号	项目	内容
1	合格等级标准	(1) 主控项目，检验结果应全部符合《水利水电基本建设工程单元工程质量等级评定标准》的要求。 (2) 一般项目，逐项应有70%及以上的检验点合格，且不合格点不应集中。 (3) 各项报验资料应符合《水利水电基本建设工程单元工程质量等级评定标准》要求
2	优良等级标准	(1) 主控项目，检验结果应全部符合《水利水电基本建设工程单元工程质量等级评定标准》的要求。 (2) 一般项目，逐项应有90%及以上的检验点合格，且不合格点不应集中。 (3) 各项报验资料应符合《水利水电基本建设工程单元工程质量等级评定标准》要求

划分工序单元工程施工质量评定标准

序号	项目	内容
1	合格等级标准	(1) 各工序施工质量验收评定应全部合格。 (2) 各项报验资料应符合《水利水电基本建设工程单元工程质量等级评定标准》要求
2	优良等级标准	(1) 各工序施工质量验收评定应全部合格，其中优良工序应达到50%及以上，且主要工序应达到优良等级。 (2) 各项报验资料应符合《水利水电基本建设工程单元工程质量等级评定标准》要求

不划分工序单元工程施工质量评定标准

序号	项目	内容
1	合格等级标准	(1) 主控项目，检验结果应全部符合《水利水电基本建设工程单元工程质量等级评定标准》的要求。 (2) 一般项目，逐项应有70%及以上的检验点合格，且不合格点不应集中；对于河道疏浚工程，逐项应有90%及以上的检验点合格，且不合格点不应集中。 (3) 各项报验资料应符合《水利水电基本建设工程单元工程质量等级评定标准》的要求

序号	项目	内容
2	优良等级标准	（1）主控项目，检验结果应全部符合《水利水电基本建设工程单元工程质量等级评定标准》的要求。 （2）一般项目，逐项应有90％及以上的检验点合格，且不合格点不应集中；对于河道疏浚工程，逐项应有95％及以上的检验点合格，且不合格点不应集中。 （3）各项报验资料应符合《水利水电基本建设工程单元工程质量等级评定标准》的要求

考点5 施工质量评定表的使用

填写施工质量评定表的基本规定

序号	项目	内容
1	填写时间	单元（工序）工程完工后，应及时评定其质量等级，并按现场检验结果，如实填写《评定表》
2	书写	（1）应使用蓝色或黑色墨水钢笔填写，不得使用圆珠笔、铅笔填写。 （2）应按国务院颁布的简化汉字书写。 （3）字迹应工整、清晰
3	数字和单位	数字使用阿拉伯数字。 单位使用国家法定计量单位，并以规定的符号表示
4	合格率	用百分数表示，小数点后保留一位，如果恰为整数，则小数点后以0表示
5	改错	将错误用斜线划掉，再在其右上方填写正确的文字（或数字），禁止使用改正液、贴纸重写、橡皮擦、刀片刮或用墨水涂黑等方法
6	表头填写	（1）单位工程、分部工程名称，按项目划分确定的名称填写。 （2）单元工程名称、部位：填写该单元工程名称（中文名称或编号），部位可用桩号、高程等表示。 （3）施工单位：填写与项目法人（建设单位）签订承包合同的施工单位全称。 （4）单元工程量：填写本单元主要工程量
7	设计值按施工图填写	实测值填写实际检测数据，而不是偏差值。 当实测数据多时，可填写实测组数、实测值范围（最小值～最大值）、合格数，但实测值应作表格附件备查
8	填写人员	表1～7从表头至评定意见栏均由施工单位经"三检"合格后填写；"质量等级"栏由复核质量的监理人员填写
9	单元（工序）工程表尾填写	（1）施工单位由负责终验的人员签字。 （2）建设、监理单位，实行了监理制的工程，由负责该项目的监理人员复核质量等级并签字。未实行监理制的工程，由建设单位专职质检人员签字。 （3）表尾所有签字人员，必须由本人按照身份证上的姓名签字，不得使用化名，也不得由其他人代为签名

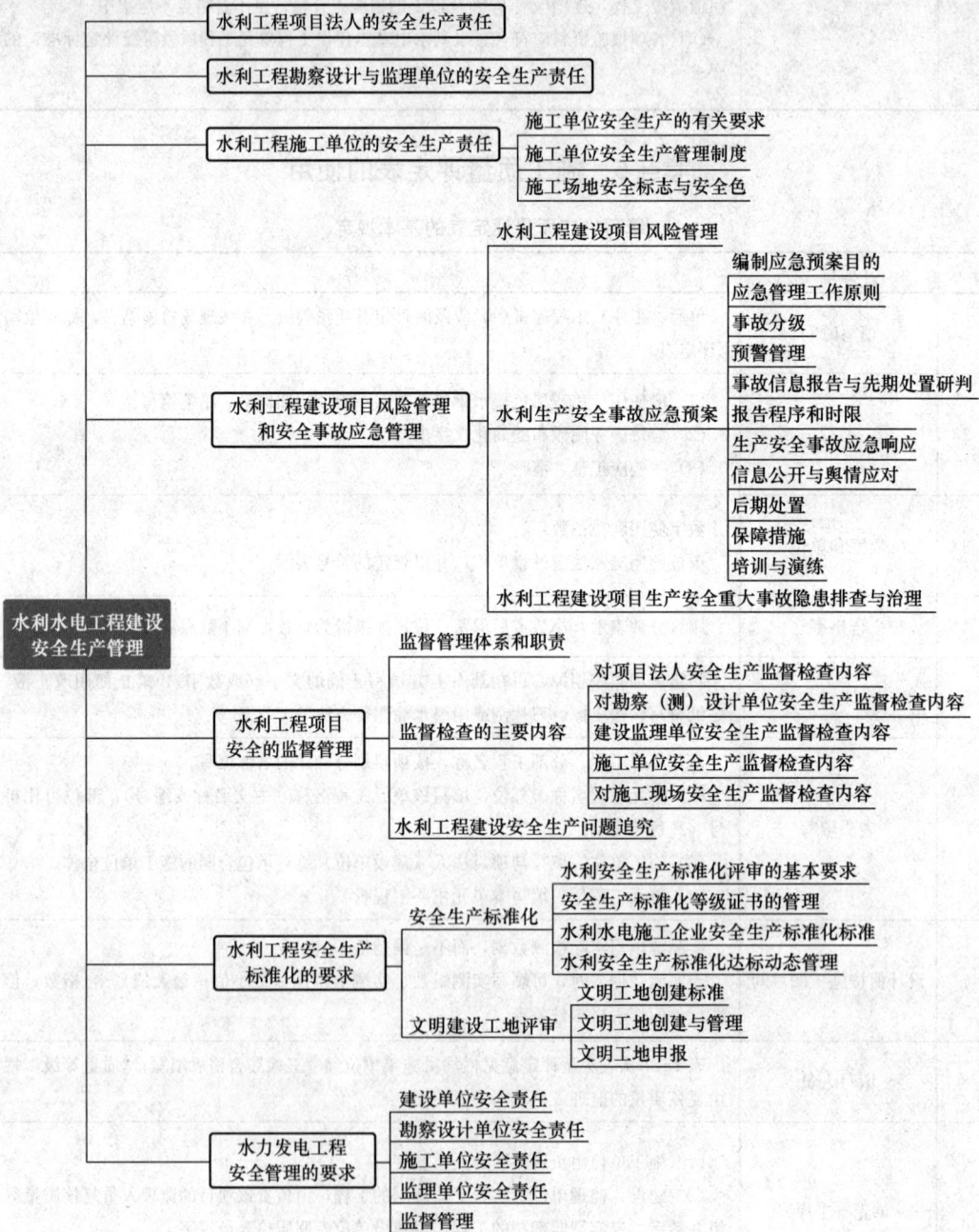

2F320080 水利水电工程建设安全生产管理

【考点图谱】

水利水电工程建设安全生产管理
- 水利工程项目法人的安全生产责任
- 水利工程勘察设计与监理单位的安全生产责任
- 水利工程施工单位的安全生产责任
  - 施工单位安全生产的有关要求
  - 施工单位安全生产管理制度
  - 施工场地安全标志与安全色
- 水利工程建设项目风险管理和安全事故应急管理
  - 水利工程建设项目风险管理
  - 水利生产安全事故应急预案
    - 编制应急预案目的
    - 应急管理工作原则
    - 事故分级
    - 预警管理
    - 事故信息报告与先期处置研判
    - 报告程序和时限
    - 生产安全事故应急响应
    - 信息公开与舆情应对
    - 后期处置
    - 保障措施
    - 培训与演练
  - 水利工程建设项目生产安全重大事故隐患排查与治理
- 水利工程项目安全的监督管理
  - 监督管理体系和职责
  - 监督检查的主要内容
    - 对项目法人安全生产监督检查内容
    - 对勘察（测）设计单位安全生产监督检查内容
    - 建设监理单位安全生产监督检查内容
    - 施工单位安全生产监督检查内容
    - 对施工现场安全生产监督检查内容
  - 水利工程建设安全生产问题追究
- 水利工程安全生产标准化的要求
  - 安全生产标准化
    - 水利安全生产标准化评审的基本要求
    - 安全生产标准化等级证书的管理
    - 水利水电施工企业安全生产标准化标准
    - 水利安全生产标准化达标动态管理
  - 文明建设工地评审
    - 文明工地创建标准
    - 文明工地创建与管理
    - 文明工地申报
- 水力发电工程安全管理的要求
  - 建设单位安全责任
  - 勘察设计单位安全责任
  - 施工单位安全责任
  - 监理单位安全责任
  - 监督管理

考点1　水利工程项目法人的安全生产责任

项目法人的安全生产责任

序号	项目	内容
1	资格审查	项目法人在对施工投标单位进行资格审查时，应当对投标单位的主要负责人、项目负责人以及专职安全生产管理人员是否经水行政主管部门安全生产考核合格进行审查
2	资料审查	项目法人应当向施工单位提供施工现场及施工可能影响的毗邻区域内供水、排水、供电、供气、供热、通信、广播电视等地下管线资料，气象和水文观测资料，拟建工程可能影响的相邻建筑物和构筑物、地下工程的有关资料，并保证有关资料的真实、准确、完整，满足有关技术规范的要求
3	费用管理	项目法人不得调减或挪用批准概算中所确定的水利工程建设有关安全作业环境及安全施工措施等所需费用
4	安全措施方案	项目法人应当组织编制保证安全生产的措施方案，并自开工之日起15日内报有管辖权的水行政主管部门、流域管理机构或者其委托的水利工程建设安全生产监督机构备案。 建设过程中安全生产的情况发生变化时，应当及时对保证安全生产的措施方案进行调整，并报原备案机关
5	安全措施的落实	项目法人在水利工程开工前，应当就落实保证安全生产的措施进行全面系统的布置，明确施工单位的安全生产责任
6	规范拆除、爆破工程	项目法人应当将水利工程中的拆除工程和爆破工程发包给具有相应水利水电工程施工资质等级的施工单位。 项目法人应当在拆除工程或者爆破工程施工15日前，将有关资料报送水行政主管部门、流域管理机构或者其委托的安全生产监督机构备案

考点2　水利工程勘察设计与监理单位的安全生产责任

水利工程勘察设计与监理单位的安全生产责任

序号	项目	内容
1	勘察（测）单位	（1）按照法律、法规和工程建设强制性标准进行勘察（测），提供的勘察（测）文件必须真实、准确，满足水利工程建设安全生产的需要。 （2）在勘察（测）作业时，应当严格执行操作规程。 （3）对其勘察（测）成果负责
2	设计单位	（1）按照法律、法规和工程建设强制性标准进行设计，并考虑项目周边环境对施工安全的影响，防止因设计不合理导致生产安全事故的发生。 （2）考虑施工安全操作和防护的需要，对涉及施工安全的重点部位和环节在设计文件中注明，并对防范生产安全事故提出指导意见。 （3）采用新结构、新材料、新工艺以及特殊结构的水利工程，设计单位应当在设计中提出保障施工作业人员安全和预防生产安全事故的措施建议。 （4）对其设计成果负责。 （5）参与与设计有关的生产安全事故分析，并承担相应的责任

序号	项目	内容
3	监理单位	（1）按照法律、法规和工程建设强制性标准实施监理，并对水利工程建设安全生产承担监理责任。 （2）审查施工组织设计中的安全技术措施或者专项施工方案是否符合工程建设强制性标准。 （3）在实施监理过程中，发现存在生产安全事故隐患的，应当要求施工单位整改；对情况严重的，应当要求施工单位暂时停止施工，并及时向水行政主管部门、流域管理机构或者其委托的安全生产监督机构以及项目法人报告

考点3 水利工程施工单位的安全生产责任

施工单位的安全生产责任

序号	项目	内容
1	安全生产的有关要求	（1）施工单位应当在施工组织设计中编制安全技术措施和施工现场临时用电方案，对下列达到一定规模的危险性较大的工程应当编制专项施工方案，并附具安全验算结果，经施工单位技术负责人签字以及总监理工程师核签后实施，由专职安全生产管理人员进行现场监督： ① 基坑支护与降水工程； ② 土方和石方开挖工程； ③ 模板工程； ④ 起重吊装工程； ⑤ 脚手架工程； ⑥ 拆除、爆破工程； ⑦ 围堰工程； ⑧ 其他危险性较大的工程。 对前款所列工程中涉及高边坡、深基坑、地下暗挖工程、高大模板工程的专项施工方案，施工单位还应当组织专家进行论证、审查。 （2）施工单位的主要负责人、项目负责人、专职安全生产管理人员应当经水行政主管部门安全生产考核合格后方可任职。 施工单位应当对管理人员和作业人员每年至少进行一次安全生产教育培训，其教育培训情况记入个人工作档案。安全生产教育培训考核不合格的人员，不得上岗。 施工单位在采用新技术、新工艺、新设备、新材料时，应当对作业人员进行相应的安全生产教育培训
2	安全生产管理制度	（1）安全生产目标管理制度。 （2）安全生产责任制度。 （3）安全生产考核奖惩制度。 （4）安全生产费用管理制度。 （5）意外伤害保险管理制度。 （6）安全技术措施审查制度。 （7）安全设施"三同时"管理制度。 （8）用工管理、安全生产教育培训制度。 （9）安全防护用品、设施管理制度。 （10）生产设备、设施安全管理制度。

序号	项目	内容
2	安全生产管理制度	（11）安全作业管理制度。 （12）生产安全事故隐患排查治理制度。 （13）危险物品和重大危险源管理制度。 （14）安全例会、技术交底制度。 （15）危险性较大的专项工程验收制度。 （16）文明施工、环境保护制度。 （17）消防安全、社会治安管理制度。 （18）职业卫生、健康管理制度。 （19）应急管理制度。 （20）事故管理制度。 （21）安全档案管理制度等

三级安全教育要求

序号	等级	安全教育主要内容
1	公司级 （一级教育）	主要进行安全基本知识、法规、法制教育
2	项目部（工段、区、队）级 （二级教育）	主要进行现场规章制度和遵章守纪教育
3	班组级 （三级教育）	主要进行本工种岗位安全操作及班组安全制度、纪律教育

施工场地安全标志与安全色

序号	安全标志	形状与颜色	设置要求
1	禁止标志	几何图形是带斜杠的圆环，其中圆环与斜杠相连，用红色，图形符号用黑色，背景用白色	多个安全标志牌设置在一起时，应按警告、禁止、指令、提示类型的顺序从左到右、从上到下排列
2	警告标志	几何图形是黑色的正三角形、黑色符号和黄色背景	
3	指令标志	几何图形是圆形，蓝色背景，白色图形符号	
4	提示标志	几何图形通常是方形（增加辅助标志时可以是矩形），绿色背景，白色图形符号及文字	
5	补充标志	（1）横写的为长方形，写在标志的下方。颜色：均为白底黑字。 （2）竖写的写在标志杆上部。颜色：用于禁止标志的用红底白字，用于警告标志的用白底黑字，用带指令标志的用蓝底白字	横写的可以和标志连在一起，也可以分开

考点4　水利工程建设项目风险管理和安全事故应急管理

水利水电工程建设项目风险的分类

（1）人员伤亡风险。

（2）经济损失风险。

（3）工期延误风险。

(4) 环境影响风险。

(5) 社会影响风险。

水利水电工程建设风险处置方法

序号	项目	内容
1	处置方法	风险规避、风险缓解、风险转移、风险自留、风险利用
2	方法采用应符合的原则	(1) 损失大、概率大的灾难性风险，应采取风险规避。 (2) 损失小、概率大的风险，宜采取风险缓解。 (3) 损失大、概率小的风险，宜采用保险或合同条款将责任进行风险转移。 (4) 损失小、概率小的风险，宜采用风险自留。 (5) 有利于工程项目目标的风险，宜采用风险利用

应急管理工作原则

(1) 以人为本，安全第一。

(2) 属地为主，部门协调。

(3) 分工负责，协同应对。

(4) 专业指导，技术支撑。

(5) 预防为主，平战结合。

水利生产安全事故分级

损失内容 ＼ 事故等级	特别重大事故	重大事故	较大事故	一般事故
死亡	30 (含本数，下同) 人以上	10 人以上 30 人以下	3 人以上 10 人以下	3 人以下
或者重伤 (包括急性工业中毒，下同)	100 人以上	50 人以上 100 人以下	10 人以上 50 人以下	3 人以上 10 人以下
或者直接经济损失	1 亿元以上	5000 万元以上 1 亿元以下	1000 万元以上 5000 万元以下	100 万元以上 1000 万元以下

生产安全事故信息报告

序号	项目	内容	时限
1	快报	包含事故发生单位名称、地址、负责人姓名和联系方式、发生时间、具体地点、已经造成的伤亡、失踪、失联人数和损失情况，可视情况附现场照片等信息资料	水利部直属单位 (工程) 或地方水利工程发生重特大生产安全事故，各单位应力争 20min 内快报、40min 内书面报告水利部；水利部在接到事故报告后 30min 内快报、1h 内书面报告国务院总值班室。 水利部直属单位 (工程) 发生较大生产安全事故和有人员死亡的一般生产安全事故、地方水利工程发生较大生产安全事故，应在事故发生 1h 内快报、2h 内书面报告至监督司。
2	书面报告	包含事故发生单位概况，发生单位负责人和联系人姓名及联系方式，发生时间、地点以及事故现场情况，发生经过、已经造成伤亡、失踪、失联人数，初步估计的直接经济损失，已经采取的应对措施，事故当前状态以及其他应报告的情况	接到国务院总值班室要求核报的信息，电话反馈时间不得超过 30min，要求报送书面信息的，反馈时间不得超过 1h。各单位接到水利部要求核报的信息，应通过各种渠道迅速核实，按照时限要求反馈相关情况。原则上，电话反馈时间不得超过 20min，要求报送书面信息的，反馈时间不得超过 40min，对事故情况不得迟报、漏报、谎报或者瞒报

类别	管理环节	隐患编号	隐患内容
基础管理	人员管理	SJ-J001	（1）项目法人和施工企业未按规定设置安全生产管理机构或未按规定配备专职安全生产管理人员。 （2）施工企业主要负责人、项目负责人和专职安全生产管理人员未按规定持有效的安全生产考核合格证书。 （3）特种（设备）作业人员未持有效证件上岗作业
	方案管理	SJ-J002	（1）无施工组织设计施工。 （2）危险性较大的单项工程无专项施工方案。 （3）超过一定规模的危险性较大单项工程的专项施工方案未按规定组织专家论证、审查擅自施工。 （4）未按批准的专项施工方案组织实施。 （5）需要验收的危险性较大的单项工程未经验收合格转入后续工程施工
临时工程	营地及施工设施建设	SJ-J003	施工工厂区、施工（建设）管理及生活区、危险化学品仓库布置在洪水、雪崩、滑坡、泥石流、塌方及危石等危险区域
	临时设施	SJ-J004	（1）宿舍、办公用房、厨房操作间、易燃易爆危险品库等消防重点部位安全距离不符合要求且未采取有效防护措施。 （2）宿舍、办公用房、厨房操作间、易燃易爆危险品库等建筑构件的燃烧性能等级未达到 A 级。 （3）宿舍、办公用房采用金属夹芯板材时，其芯材的燃烧性能等级未达到 A 级
	围堰工程	SJ-J005	（1）围堰不符合规范和设计要求。 （2）围堰位移及渗流量超过设计要求，且无有效管控措施
专项工程	临时用电	SJ-J006	（1）施工现场专用的电源中性点直接接地的低压配电系统未采用 TN-S 接零保护系统。 （2）发电机组电源未与其他电源互相闭锁，并列运行。 （3）外电线路的安全距离不符合规范要求且未按规定采取防护措施
	脚手架	SJ-J007	（1）达到或超过一定规模的作业脚手架和支撑脚手架的立杆基础承载力不符合专项施工方案的要求，且已有明显沉降。 （2）立杆采用搭接（作业脚手架顶步距除外）。 （3）未按专项施工方案设置连墙件
	模板工程	SJ-J008	爬模、滑模和翻模施工脱模或混凝土承重模板拆除时，混凝土强度未达到规定值
	危险物品	SJ-J009	运输、使用、保管和处置雷管炸药等危险物品不符合安全要求
	起重吊装与运输	SJ-J010	（1）起重机械未按规定经有相应资质的检验检测机构检验合格后投入使用。 （2）起重机械未配备荷载、变幅等指示装置和荷载、力矩、高度、行程等限位、限制或连锁装置。 （3）同一作业区两台及以上起重设备运行未制定防碰撞方案，且存在碰撞可能。 （4）隧洞竖（斜）井或沉井、人工挖孔桩井载人（货）提升机械未设置安全装置或安全装置不灵敏
	起重吊装与运输	SJ-J011	（1）大中型水利水电工程金属结构施工采用临时钢梁、龙门架、天锚起吊闸门、钢管前，未对其结构和吊点进行设计计算、履行审批审查验收手续，未进行相应的负荷试验。 （2）闸门、钢管上的吊耳板、焊缝未经检查检测和强度验算投入使用
	高边坡、深基坑	SJ-J012	（1）断层、裂隙、破碎带等不良地质构造的高边坡，未按设计要求及时采取支护措施或未经验收合格即进行下一梯段施工。 （2）深基坑土方开挖放坡坡度不满足其稳定性要求且未采取加固措施

类别	管理环节	隐患编号	隐患内容
专项工程	隧洞施工	SJ-J013	遇到下列九种情况之一，未按有关规定及时进行地质预报并采取措施： (1) 隧洞出现围岩不断掉块，洞室内灰尘突然增多，喷层表面开裂，支撑变形或连续发出声响。 (2) 围岩沿结构面或顺裂隙错位、裂缝加宽、位移速率加大。 (3) 出现片帮、岩爆或严重鼓胀变形。 (4) 出现涌水、涌水量增大、涌水突然变浑浊、涌沙。 (5) 干燥岩质洞段突然出现地下水流，渗水点位置突然变化，破碎带水流活动加剧，土质洞段含水量明显增大或土的形状明显软化。 (6) 洞温突然发生变化，洞内突然出现冷空气对流。 (7) 钻孔时，钻孔速度突然加快且钻孔回水消失，经常发生卡钻。 (8) 岩石隧洞掘进机或盾构机发生卡机或掘进参数、掘进载荷、掘进速度发生急剧的异常变化。 (9) 突然出现刺激性气味；断层及破碎带缓倾角节理密集带岩溶发育地下水丰富及膨胀岩体地段和高地应力区等不良地质条件洞段开挖未根据地质预报针对其性质和特殊的地质问题制定专项保证安全施工的工程措施；隧洞Ⅳ类、Ⅴ类围岩开挖后，支护未紧跟掌子面
	隧洞施工	SJ-J014	(1) 洞室施工过程中，未对洞内有毒有害气体进行检测、监测。 (2) 有毒有害气体达到或超过规定标准时未采取有效措施
	设备安装	SJ-J015	(1) 蜗壳、机坑里衬安装时，搭设的施工平台（组装）未经检查验收即投入使用。 (2) 在机坑中进行电焊、气割作业（如水机室、定子组装、上下机架组装）时，未设置隔离防护平台或铺设防火布，现场未配备消防器材
	水上作业	SJ-J016	(1) 未按规定设置必要的安全作业区或警戒区。 (2) 水上作业施工船舶施工安全工作条件不符合船舶使用说明书和设备状况，未停止施工。 (3) 挖泥船的实际工作条件大于《疏浚与吹填工程技术规范》SL 17—2014 表5.7.9 中所列数值，未停止施工
其他	防洪度汛	SJ-J017	(1) 有度汛要求的建设项目未按规定制定度汛方案和超标准洪水应急预案。 (2) 工程进度不满足度汛要求时未制定和采取相应措施。 (3) 位于自然地面或河水位以下的隧洞进出口未按施工期防洪标准设置围堰或预留岩坎
	液氨制冷	SJ-J018	(1) 氨压机车间控制盘柜与氨压机未分开隔离布置。 (2) 未设置、配备固定式氨气报警仪和便携式氨气检测仪。 (3) 未设置应急疏散通道并明确标识
	安全防护	SJ-J019	排架、井架、施工电梯、大坝廊道、隧洞等出入口和上部有施工作业的通道，未按规定设置防护棚
	设备检修	SJ-J020	混凝土（水泥土、水泥稳定土）拌合机、TBM 及盾构设备刀盘检维修时未切断电源或开关箱未上锁且无人监管

考点 5　水利工程项目安全的监督管理

监督管理体系和职责

序号	管理部门	职责
1	水行政主管部门和流域管理机构	按照分级管理权限，负责水利工程建设安全生产的监督管理

序号	管理部门	职责
2	水利部	（1）贯彻、执行国家有关安全生产的法律、法规和政策，制定有关水利工程建设安全生产的规章、规范性文件和技术标准。 （2）监督、指导全国水利工程建设安全生产工作，组织开展对全国水利工程建设安全生产情况的监督检查。 （3）组织、指导全国水利工程建设安全生产监督机构的建设、考核和安全生产监督人员的考核工作以及水利水电工程施工单位的主要负责人、项目负责人和专职安全生产管理人员的安全生产考核工作
3	流域管理机构	负责所管辖的水利工程建设项目的安全生产监督工作
4	省、自治区、直辖市人民政府水行政主管部门	（1）贯彻、执行有关安全生产的法律、法规、规章、政策和技术标准，制定地方有关水利工程建设安全生产的规范性文件。 （2）监督、指导本行政区域内所管辖的水利工程建设安全生产工作，组织开展对本行政区域内所管辖的水利工程建设安全生产情况的监督检查。 （3）组织、指导本行政区域内水利工程建设安全生产监督机构的建设工作以及有关的水利水电工程施工单位的主要负责人、项目负责人和专职安全生产管理人员的安全生产考核工作
5	水行政主管部门或者流域管理机构委托的安全生产监督机构	严格按照有关安全生产的法律、法规、规章和技术标准，对水利工程施工现场实施监督检查
6	水行政主管部门或者其委托的安全生产监督管理部门	自收到有关备案资料后 20 日内，将有关备案资料抄送同级安全生产监督管理部门

各级水行政主管部门安全生产监督检查的主要内容

序号	项目	内容
1	对项目法人安全生产监督检查内容	（1）安全生产管理制度建立健全情况。 （2）安全生产管理机构设立情况。 （3）安全生产责任制建立及落实情况。 （4）安全生产例会制度执行情况。 （5）保证安全生产措施方案的制定、备案与执行情况。 （6）安全生产教育培训情况。 （7）施工单位安全生产许可证、"三类人员"（施工企业主要负责人、项目负责人及专职安全生产管理人员，下同）安全生产考核合格证及特种作业人员持证上岗等核查情况。 （8）安全施工措施费用管理。 （9）生产安全事故应急预案管理。 （10）安全生产隐患排查和治理。 （11）生产安全事故报告、调查和处理等
2	对勘察（测）设计单位安全生产监督检查内容	（1）工程建设强制性标准执行情况。 （2）对工程重点部位和环节防范生产安全事故的指导意见或建议。 （3）新结构、新材料、新工艺及特殊结构防范生产安全事故措施建议。 （4）勘察（测）设计单位资质、人员资格管理和设计文件管理等
3	建设监理单位安全生产监督检查内容	（1）工程建设强制性标准执行情况。 （2）施工组织设计中的安全技术措施及专项施工方案审查和监督落实情况。 （3）安全生产责任制建立及落实情况。 （4）监理例会制度、生产安全事故报告制度等执行情况。 （5）监理大纲、监理规划、监理细则中有关安全生产措施执行情况等

序号	项目	内容
4	施工单位安全生产监督检查内容	(1) 安全生产管理制度建立健全情况。 (2) 资质等级、安全生产许可证的有效性。 (3) 安全生产管理机构设立及人员配置。 (4) 安全生产责任制建立及落实情况。 (5) 安全生产例会制度、隐患排查制度、事故报告制度和培训制度等执行情况。 (6) 安全生产操作规程制定及执行情况。 (7) "三类人员"安全生产考核合格证及特种作业人员持证上岗情况。 (8) 劳动防护用品管理制度及执行情况。 (9) 安全费用的提取及使用情况。 (10) 生产安全事故应急预案制定及演练情况。 (11) 生产安全事故处理情况。 (12) 危险源分类、识别管理及应对措施等
5	对施工现场安全生产监督检查内容	(1) 施工支护、脚手架、爆破、吊装、临时用电、安全防护设施和文明施工等情况。 (2) 安全生产操作规程执行与特种作业人员持证上岗情况。 (3) 个体防护与劳动防护用品使用情况。 (4) 应急预案中有关救援设备、物资落实情况。 (5) 特种设备检验与维护状况。 (6) 消防设施等落实情况

考点 6　水利工程安全生产标准化的要求

文明建设工地评审

项目	内容
文明工地创建标准	(1) 体制机制健全。 (2) 质量管理到位。 (3) 安全施工到位。 (4) 环境和谐有序。 (5) 文明风尚良好。 (6) 创建措施有力
文明工地创建与管理	文明工地创建在项目法人的统一领导下进行。获得文明工地的可作为水利建设市场主体信用、中国水利工程优质（大禹）奖和水利安全生产标准化评审的重要参考
文明工地申报	文明工地实行届期制，每两年通报一次。在上一届届期已被命名为文明工地的，如符合条件，可继续申报下一届

考点 7　水力发电工程安全管理的要求

水力发电工程安全管理的要求

建设单位安全责任	施工单位安全责任
(1) 建立健全安全生产组织和管理机制。 (2) 建立健全安全生产监督检查和隐患排查治理机制。 (3) 建立健全安全生产应急响应和事故处置机制。 (4) 建立电力建设工程项目应急管理体系，编制应急综合预案、组织勘察设计、施工。 (5) 及时协调和解决影响安全生产重大问题。 (6) 按照国家有关安全生产费用投入和使用管理规定，电力建设工程概算应当单独列支安全生产费用，不得在电力建设工程投标中列入竞争性报价。 (7) 组织参建单位落实防灾减灾责任，建立健全自然灾害预测预警和应急响应机制，对重点区域、重要部位地质灾害情况进行评估检查。 (8) 应当执行定额工期。 (9) 应在电力建设工程开工报告批准之日起 15 日内，将保证安全施工的措施向建设工程所在地国家能源局派出机构备案	(1) 电力建设工程实行施工总承包的，由施工总承包单位对施工现场的安全生产负总责。 (2) 施工单位应当履行劳务分包安全管理责任，将劳务派遣人员、临时用工人员纳入其安全管理体系，落实安全措施，加强作业现场管理和控制。 (3) 电力建设工程开工前，施工单位应当开展现场查勘，编制施工组织设计、施工方案和安全技术措施并按技术管理相关规定报建设单位、监理单位同意。 (4) 施工单位应当对因电力建设工程施工可能造成损害和影响的毗邻建筑物、构筑物、地下管线、架空线缆、设施及周边环境采取专项防护措施。对施工现场出入口、通道口、孔洞口、邻近带电区、易燃易爆及危险化学品存放处等危险区域和部位采取防护措施并设置明显的安全警示标志

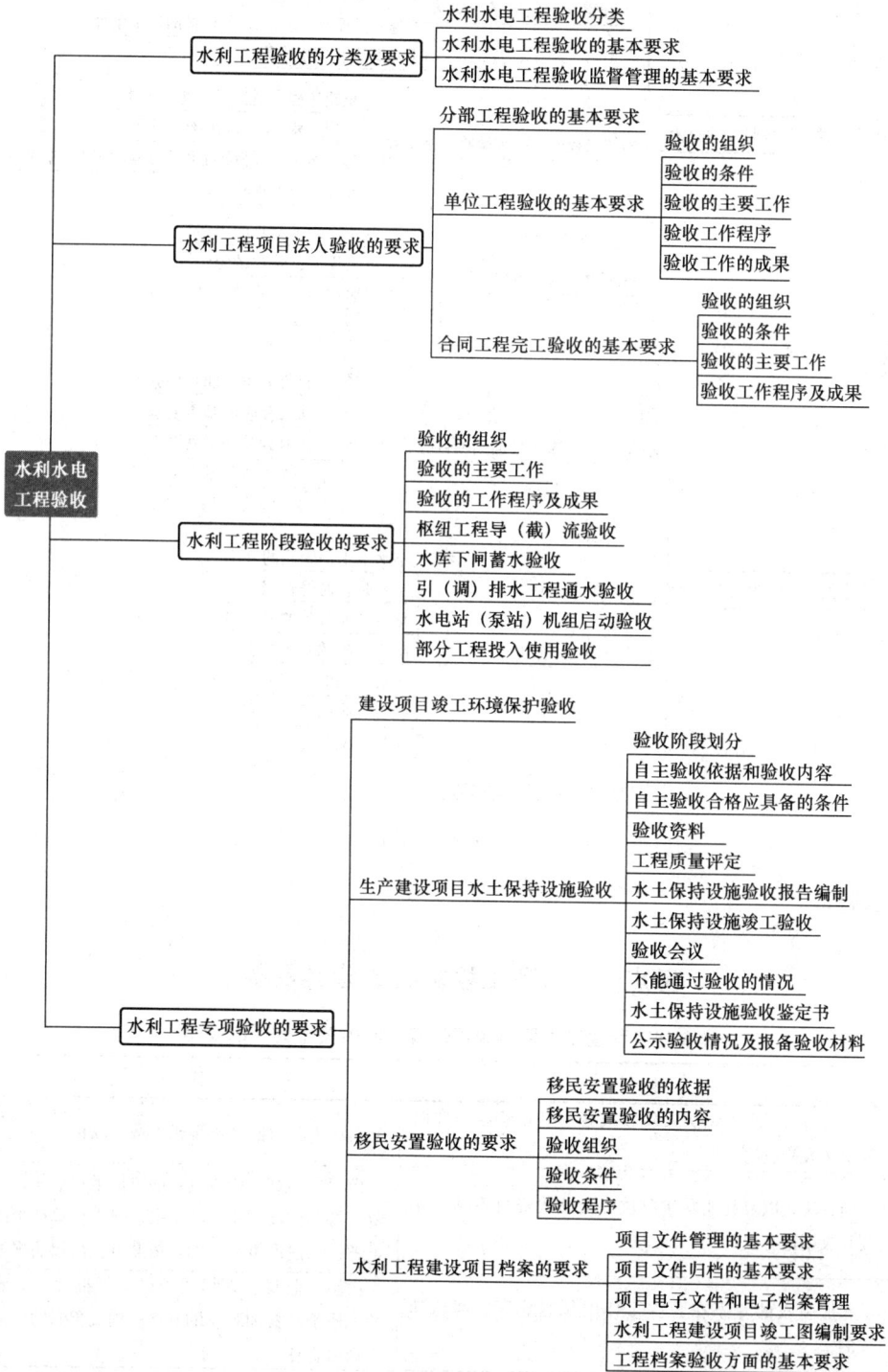

2F320090 水利水电工程验收

【考点图谱】

水利水电工程验收
- 水利工程验收的分类及要求
  - 水利水电工程验收分类
  - 水利水电工程验收的基本要求
  - 水利水电工程验收监督管理的基本要求
- 水利工程项目法人验收的要求
  - 分部工程验收的基本要求
  - 单位工程验收的基本要求
    - 验收的组织
    - 验收的条件
    - 验收的主要工作
    - 验收工作程序
    - 验收工作的成果
  - 合同工程完工验收的基本要求
    - 验收的组织
    - 验收的条件
    - 验收的主要工作
    - 验收工作程序及成果
- 水利工程阶段验收的要求
  - 验收的组织
  - 验收的主要工作
  - 验收的工作程序及成果
  - 枢纽工程导（截）流验收
  - 水库下闸蓄水验收
  - 引（调）排水工程通水验收
  - 水电站（泵站）机组启动验收
  - 部分工程投入使用验收
- 水利工程专项验收的要求
  - 建设项目竣工环境保护验收
  - 生产建设项目水土保持设施验收
    - 验收阶段划分
    - 自主验收依据和验收内容
    - 自主验收合格应具备的条件
    - 验收资料
    - 工程质量评定
    - 水土保持设施验收报告编制
    - 水土保持设施竣工验收
    - 验收会议
    - 不能通过验收的情况
    - 水土保持设施验收鉴定书
    - 公示验收情况及报备验收材料
  - 移民安置验收的要求
    - 移民安置验收的依据
    - 移民安置验收的内容
    - 验收组织
    - 验收条件
    - 验收程序
  - 水利工程建设项目档案的要求
    - 项目文件管理的基本要求
    - 项目文件归档的基本要求
    - 项目电子文件和电子档案管理
    - 水利工程建设项目竣工图编制要求
    - 工程档案验收方面的基本要求

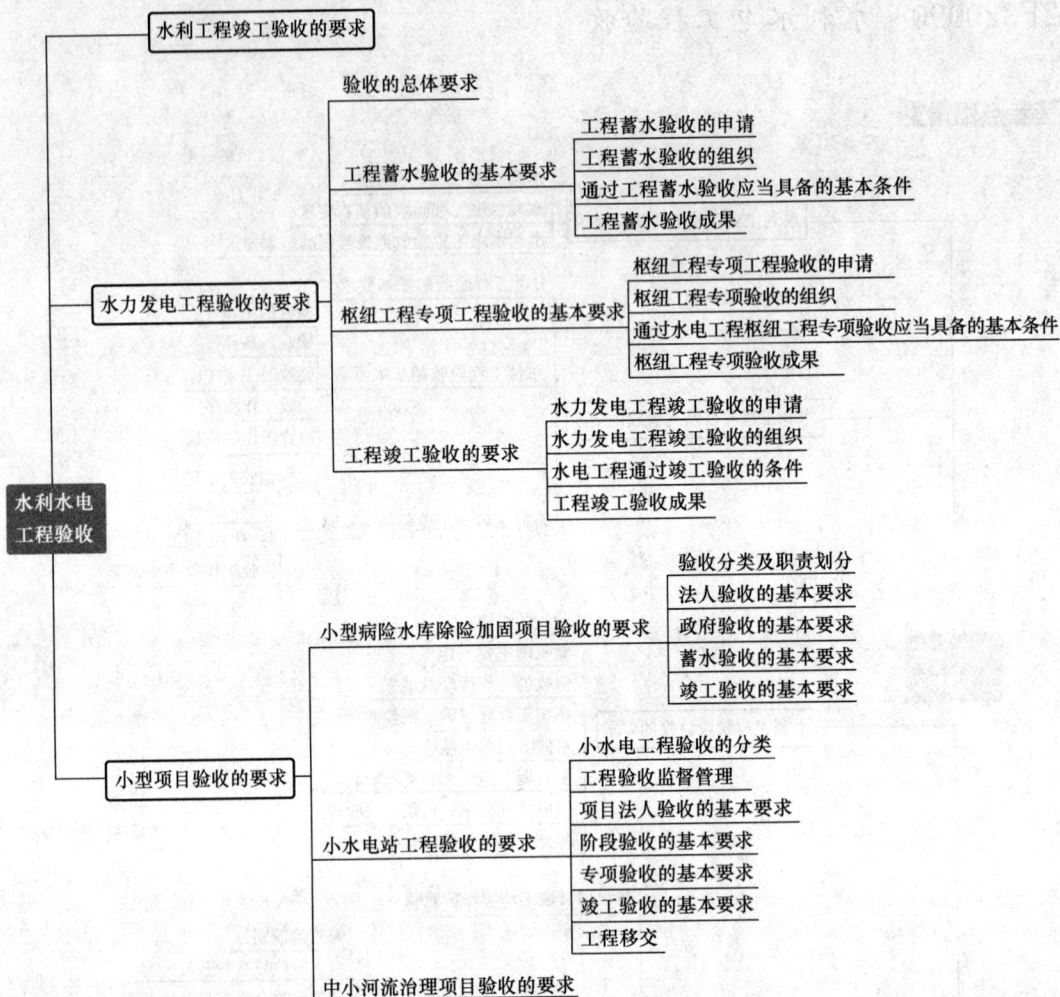

水利水电工程验收
- 水利工程竣工验收的要求
- 水力发电工程验收的要求
  - 验收的总体要求
  - 工程蓄水验收的基本要求
    - 工程蓄水验收的申请
    - 工程蓄水验收的组织
    - 通过工程蓄水验收应当具备的基本条件
    - 工程蓄水验收成果
  - 枢纽工程专项工程验收的基本要求
    - 枢纽工程专项工程验收的申请
    - 枢纽工程专项验收的组织
    - 通过水电工程枢纽工程专项验收应当具备的基本条件
    - 枢纽工程专项验收成果
  - 工程竣工验收的要求
    - 水力发电工程竣工验收的申请
    - 水力发电工程竣工验收的组织
    - 水电工程通过竣工验收的条件
    - 工程竣工验收成果
- 小型项目验收的要求
  - 小型病险水库除险加固项目验收的要求
    - 验收分类及职责划分
    - 法人验收的基本要求
    - 政府验收的基本要求
    - 蓄水验收的基本要求
    - 竣工验收的基本要求
  - 小水电站工程验收的要求
    - 小水电工程验收的分类
    - 工程验收监督管理
    - 项目法人验收的基本要求
    - 阶段验收的基本要求
    - 专项验收的基本要求
    - 竣工验收的基本要求
    - 工程移交
  - 中小河流治理项目验收的要求

（续图）

【考点精析】

考点1 水利工程验收的分类及要求

《水利工程建设项目验收管理规定》中关于处罚的规定

序号	违法行为	责任承担方式
1	不按时限要求组织法人验收或者不具备验收条件而组织法人验收的	由法人验收监督管理机关责令改正
2	项目法人以及其他参建单位提交验收资料不真实导致验收结论有误的	由提交不真实验收资料的单位承担责任。竣工验收主持单位收回验收鉴定书，对责任单位予以通报批评；造成严重后果的，依照有关法律法规处罚
3	参加验收的专家在验收工作中玩忽职守、徇私舞弊的	由验收监督管理机关予以通报批评；情节严重的，取消其参加验收的资格；构成犯罪的，依法追究刑事责任

序号	违法行为	责任承担方式
4	国家机关工作人员在验收工作中玩忽职守、滥用职权、徇私舞弊的	尚不构成犯罪的，依法给予行政处分；构成犯罪的，依法追究刑事责任

水利水电工程验收分类

序号	类别	内容
1	法人验收	分部工程验收、单位工程验收、水电站（泵站）中间机组启动验收、合同工程完工验收等
2	政府验收	阶段验收、专项验收、竣工验收等

考点2 水利工程项目法人验收的要求

分部工程验收的基本要求

序号	项目	内容
1	组织	由项目法人（或委托监理单位）主持。验收工作组应由项目法人、勘测、设计、监理、施工、主要设备制造（供应）商等单位的代表组成
2	条件	（1）所有单元工程已完成。 （2）已完单元工程施工质量经评定全部合格，有关质量缺陷已处理完毕或有监理机构批准的处理意见。 （3）合同约定的其他条件
3	遗留问题处理	分部工程验收遗留问题处理情况应有书面记录并有相关责任单位代表签字，书面记录应随分部工程验收鉴定书一并归档

单位工程验收的基本要求

序号	项目	内容
1	组织	由项目法人主持。验收工作组应由项目法人、勘测、设计、监理、施工、主要设备制造（供应）商、运行管理等单位的代表组成。必要时，可邀请上述单位以外的专家参加。单位工程验收工作组成员应具有中级及其以上技术职称或相应执业资格，每个单位代表人数不宜超过3名
2	条件	（1）所有分部工程已完建并验收合格。 （2）分部工程验收遗留问题已处理完毕并通过验收，未处理的遗留问题不影响单位工程质量评定并有处理意见。 （3）合同约定的其他条件。 （4）单位工程投入使用验收除应满足以上条件外，还应满足以下条件： ① 工程投入使用后，不影响其他工程正常施工，且其他工程施工不影响该单位工程安全运行； ② 已经初步具备运行管理条件，需移交运行管理单位的，项目法人与运行管理单位已签订提前使用协议书
3	工作	（1）检查工程是否按批准的设计内容完成。 （2）评定工程施工质量等级。 （3）检查分部工程验收遗留问题处理情况及相关记录。 （4）对验收中发现的问题提出处理意见。 （5）单位工程投入使用验收除完成以上工作内容外，还应对工程是否具备安全运行条件进行检查

序号	项目	内容
4	程序	(1) 听取工程参建单位工程建设有关情况的汇报。 (2) 现场检查工程完成情况和工程质量。 (3) 检查分部工程验收有关文件及相关档案资料。 (4) 讨论并通过单位工程验收鉴定书

合同工程完工验收的基本要求

序号	项目	内容
1	组织	合同工程完工验收应由项目法人主持。验收工作组应由项目法人以及与合同工程有关的勘测、设计、监理、施工、主要设备制造（供应）商等单位的代表组成
2	申请	合同工程具备验收条件时，施工单位应向项目法人提出验收申请报告。项目法人应在收到验收申请报告之日起 20 个工作日内决定是否同意进行验收
3	条件	(1) 合同范围内的工程项目已按合同约定完成。 (2) 工程已按规定进行了有关验收。 (3) 观测仪器和设备已测得初始值及施工期各项观测值。 (4) 工程质量缺陷已按要求进行处理。 (5) 工程完工结算已完成。 (6) 施工现场已经进行清理。 (7) 需移交项目法人的档案资料已按要求整理完毕。 (8) 合同约定的其他条件

考点3 水利工程阶段验收的要求

阶段验收的组织及成果

序号	项目	内容
1	组织	阶段验收应包括枢纽工程导（截）流验收、水库下闸蓄水验收、引（调）排水工程通水验收、水电站（泵站）首（末）台机组启动验收、部分工程投入使用验收以及竣工验收主持单位根据工程建设需要增加的其他验收。 阶段验收应由竣工验收主持单位或其委托的单位主持。阶段验收委员会应由验收主持单位、质量和安全监督机构、运行管理单位的代表以及有关专家组成；必要时，可邀请地方人民政府以及有关部门参加。 工程建设具备阶段验收条件时，项目法人应向竣工验收主持单位提出阶段验收申请报告。竣工验收主持单位应自收到申请报告之日起 20 个工作日内决定是否同意进行阶段验收
2	验收成果	阶段验收的成果性文件是阶段验收鉴定书。数量按参加验收单位、法人验收监督管理机关、质量和安全监督机构各 1 份以及归档所需要的份数确定。自验收鉴定书通过之日起 30 个工作日内，由验收主持单位发送有关单位

阶段验收的条件

序号	项目		条件
1	枢纽工程导（截）流验收		（1）导流工程已基本完成，具备过流条件，投入使用（包括采取措施后）不影响其他未完工程继续施工。 （2）满足截流要求的水下隐蔽工程已完成。 （3）截流设计已获批准，截流方案已编制完成，并作各项准备工作。 （4）工程度汛方案已经有管辖权的防汛指挥部门批准，相关措施已落实。 （5）截流后壅高水位以下的移民搬迁安置和库底清理已完成并通过验收。 （6）有航运功能的河道，碍航问题已得到解决
2	水库下闸蓄水验收		（1）挡水建筑物的形象面貌满足蓄水位的要求。 （2）蓄水淹没范围内的移民搬迁安置和库底清理已完成并通过验收。 （3）蓄水后需要投入使用的泄水建筑物已基本完成，具备过流条件。 （4）有关观测仪器、设备已按设计要求安装和调试，并已测得初始值和施工期观测值。 （5）蓄水后未完工程的建设计划和施工措施已落实。 （6）蓄水安全鉴定报告已提交。 （7）蓄水后可能影响工程安全运行的问题已处理，有关重大技术问题已有结论。 （8）蓄水计划、导流洞封堵方案等已编制完成，并作好各项准备工作。 （9）年度度汛方案（包括调度运用方案）已经有管辖权的防汛指挥部门批准，相关措施已落实
3	引（调）排水工程通水验收		（1）引（调）排水建筑物的形象面貌满足通水的要求。 （2）通水后未完工程的建设计划和施工措施已落实。 （3）引（调）排水位以下的移民搬迁安置和障碍物清理已完成并通过验收。 （4）引（调）排水的调度运用方案已编制完成；度汛方案已得到有管辖权的防汛指挥部门批准，相关措施已落实
4	水电站（泵站）机组启动验收	技术预验收	（1）与机组启动运行有关的建筑物基本完成，满足机组启动运行要求。 （2）与机组启动运行有关的金属结构及启闭设备安装完成，并经过调试合格，可满足机组启动运行要求。 （3）过水建筑物已具备过水条件，满足机组启动运行要求。 （4）压力容器、压力管道以及消防系统等已通过有关主管部门的检测或验收。 （5）机组、附属设备以及油、水、气等辅助设备安装完成，经调试合格并经分部试运转，满足机组启动运行要求。 （6）必要的输配电设备安装调试完成，并通过电力部门组织的安全性评价或验收，送（供）电准备工作已就绪，通信系统满足机组启动运行要求。 （7）机组启动运行的测量、监测、控制和保护等电气设备已安装完成并调试合格。 （8）有关机组启动运行的安全防护措施已落实，并准备就绪。 （9）按设计要求配备的仪器、仪表、工具及其他机电设备已能满足机组启动运行的需要。 （10）机组启动运行操作规程已编制，并得到批准。 （11）水库水位控制与发电水位调度计划已编制完成，并得到相关部门的批准。 （12）运行管理人员的配备可满足机组启动运行的要求。 （13）水位和引水量满足机组启动运行最低要求。 （14）机组按要求完成带负荷连续运行
		首（末）台机组启动验收	（1）技术预验收工作报告已提交。 （2）技术预验收工作报告中提出的遗留问题已处理

序号	项目	条件
5	部分工程投入使用验收	（1）拟投入使用工程已按批准设计文件规定的内容完成并已通过相应的法人验收。 （2）拟投入使用工程已具备运行管理条件。 （3）工程投入使用后，不影响其他工程正常施工，且其他工程施工不影响部分工程安全运行（包括采取防护措施）。 （4）项目法人与运行管理单位已签订部分工程提前使用协议。 （5）工程调度运行方案已编制完成。度汛方案已经有管辖权的防汛指挥部门批准，相关措施已落实

考点 4　水利工程专项验收的要求

建设项目竣工环境保护验收

序号	项目	内容
1	责任主体	建设单位是建设项目竣工环境保护验收的责任主体，应当按照本办法规定的程序和标准，组织对配套建设的环境保护设施进行验收，编制验收报告，公开相关信息，接受社会监督，确保建设项目需要配套建设的环境保护设施与主体工程同时投产或者使用，并对验收内容、结论和所公开信息的真实性、准确性和完整性负责，不得在验收过程中弄虚作假
2	建设单位不得提出验收合格意见的情形	（1）未按环境影响报告书（表）及其审批部门审批决定要求建成环境保护设施，或者环境保护设施不能与主体工程同时投产或者使用的； （2）污染物排放不符合国家和地方相关标准、环境影响报告书（表）及其审批部门审批决定或者重点污染物排放总量控制指标要求的； （3）环境影响报告书（表）经批准后，该建设项目的性质、规模、地点、采用的生产工艺或者防治污染、防止生态破坏的措施发生重大变动，建设单位未重新报批环境影响报告书（表）或者环境影响报告书（表）未经批准的； （4）建设过程中造成重大环境污染未治理完成，或者造成重大生态破坏未恢复的； （5）纳入排污许可管理的建设项目，无证排污或者不按证排污的； （6）分期建设、分期投入生产或者使用依法应当分期验收的建设项目，其分期建设、分期投入生产或者使用的环境保护设施防治环境污染和生态破坏的能力不能满足其相应主体工程需要的； （7）建设单位因该建设项目违反国家和地方环境保护法律法规受到处罚，被责令改正，尚未改正完成的； （8）验收报告的基础资料数据明显不实，内容存在重大缺项、遗漏，或者验收结论不明确、不合理的； （9）其他环境保护法律法规规章等规定不得通过环境保护验收的
3	验收调查时段和范围	（1）验收调查应包括工程前期、施工期、运行期三个时段。 （2）验收调查范围原则上与环境影响评价文件的评价范围一致；当工程实际建设内容发生变更或环境影响评价文件未能全面反映出项目建设的实际生态影响或其他环境影响时，应根据工程实际变更和实际环境影响情况，结合现场踏勘对调查范围进行适当调整

序号	项目	内容
4	验收调查的目的	编制验收调查报告，核心是根据调查和分析的结果，客观、明确地从技术角度论证工程是否符合建设项目竣工环境保护验收条件

生产建设项目水土保持设施验收

序号	项目	内容
1	验收报告编制	由第三方技术服务机构编制
2	自主验收内容	（1）水土保持设施建设完成情况。 （2）水土保持设施质量。 （3）水土流失防治效果。 （4）水土保持设施的运行、管理及维护情况
3	竣工验收	（1）竣工验收应在第三方提交水土保持设施验收报告后，生产建设项目投产运行前完成。 （2）竣工验收应由项目法人组织，一般包括现场查看、资料查阅、验收会议等环节。 （3）竣工验收应成立验收组，验收组由项目法人和水土保持设施验收报告编制、水土保持监测、监理、方案编制、施工等有关单位代表组成。项目法人可根据生产建设项目的规模、性质、复杂程度等情况邀请水土保持专家参加验收组。 （4）验收结论应经 2/3 以上验收组成员同意。 （5）验收组应从水土保持设施竣工图中选择有代表性、典型性的水土保持设施进行查看，有重要防护对象的应重点查看。 （6）验收组应对验收资料进行重点抽查，并对抽查资料的完整性、合规性提出意见。验收组查阅内容参见附录水土保持设施验收应提供的资料清单
4	不能通过验收的情况	（1）未依法依规履行水土保持方案及重大变更的编报审批程序的。 （2）未依法依规开展水土保持监测或补充开展的水土保持监测不符合规定的。 （3）未依法依规开展水土保持监理工作。 （4）废弃土石渣未堆放在经批准的水土保持方案确定的专门存放地的。 （5）水土保持措施体系、等级和标准未按经批准的水土保持方案要求落实的。 （6）重要防护对象无安全稳定结论或结论为不稳定的。 （7）水土保持分部工程和单位工程未经验收或验收不合格的。 （8）水土保持监测总结报告、监理总结报告等材料弄虚作假或存在重大技术问题的。 （9）未依法依规缴纳水土保持补偿费的

移民安置验收组织及验收条件

序号	项目	内容
1	组织	（1）水利部主持验收的大中型水利水电工程，移民安置验收由水利部会同有关省级人民政府主持。其余大中型水利水电工程，移民安置验收由省级人民政府或者其规定的移民管理机构主持。 （2）移民安置验收主持单位负责监督指导移民安置自验、初验工作，并组织移民安置终验。 （3）移民安置工作仅涉及一个县级行政区域的，移民安置初验可以与自验合并进行。

序号	项目	内容
	组织	(4) 移民安置验收组织或者主持单位，应当组织成立验收委员会。验收委员会由验收组织或者主持单位、项目主管部门、有关地方人民政府及其移民管理机构和相关部门、项目法人、移民安置规划设计单位、移民安置监督评估单位，以及其他相关单位的代表和有关专家组成。验收委员会主任委员由移民安置验收组织或者主持单位代表担任
1	竣工移民安置验收条件	(1) 征地工作已经完成。 (2) 移民已经完成搬迁安置，移民安置区基础设施建设已经完成，农村移民生产安置措施已经落实。 (3) 城（集）镇迁建、工矿企业迁建或者处理、专项设施迁建或者复建已经完成并通过主管部门验收。 (4) 水库库底清理工作已经完成。 (5) 征地补偿和移民安置资金已经按规定兑现完毕。 (6) 编制完成移民资金财务决算，资金使用管理情况通过政府审计。 (7) 移民资金审计、稽察和阶段性验收提出的主要问题已基本解决。 (8) 移民档案的收集、整理和归档工作已经完成，并满足完整、准确和系统性的要求

水利工程建设项目档案的要求

序号	项目	内容
1	项目档案保管期限	分为永久、30 年和 10 年。同一卷内有不同保管期限的文件时，该卷保管期限应从长
2	水利工程建设项目竣工图编制要求	(1) 工程竣工时应编制竣工图，竣工图一般由施工单位负责编制。 (2) 用施工图编制竣工图的，应使用新图纸，白图或蓝图均可，但不得使用复印的白图和拼接图编制竣工图。 (3) 按施工图施工没有变更的、由竣工图编制单位在施工图上逐张加盖并签署竣工图章。 (4) 一般性图纸变更且能在原施工图上修改补充的，可直接在原图上修改，并加盖竣工图章。修改应注明修改依据文件的名称、编号和条款号，无法用图形、数据表达或标注清楚的，应在标题栏上方或左边用文字简练说明
3	工程档案验收方面的基本要求	档案验收依据《水利工程建设项目档案验收评分标准》对项目档案管理及档案质量进行量化赋分，满分为 100 分。验收结果分为 3 个等级：总分达到或超过 90 分的，为优良；70～89.9 分的，为合格；达不到 70 分或"应归档文件材料质量与移交归档"项达不到 60 分的，均为不合格。 项目档案专项验收一般由水行政主管部门主持，会同档案主管部门开展验收。 参建单位应在所承担项目合同验收后 3 个月内向项目法人办理档案移交，并配合项目法人完成项目档案专项验收相关工作；项目法人应在水利工程建设项目竣工验收后半年内向运行管理单位及其他有关单位办理档案移交

考点 5　水利工程竣工验收的要求

水利工程竣工验收的要求

序号	项目	内容
1	验收时间及运行条件	竣工验收应在工程建设项目全部完成并满足一定运行条件后 1 年内进行。不能按期进行竣工验收的，经竣工验收主持单位同意，可适当延长期限，但最长不得超过 6 个月。一定运行条件是指： (1) 泵站工程经过一个排水或抽水期； (2) 河道疏浚工程完成后； (3) 其他工程经过 6 个月（经过一个汛期）至 12 个月

序号	项目	内容
2	验收的组织	工程具备验收条件时，项目法人应向竣工验收主持单位提出竣工验收申请报告。竣工验收申请报告应经法人验收监督管理机关审查后报竣工验收主持单位，竣工验收主持单位应自收到申请报告后 20 个工作日内决定是否同意进行竣工验收
3	竣工验收自查	申请竣工验收前，项目法人应组织竣工验收自查。自查工作由项目法人主持，勘测、设计、监理、施工、主要设备制造（供应）商以及运行管理等单位的代表参加。 竣工验收自查应包括以下主要内容： （1）检查有关单位的工作报告； （2）检查工程建设情况，评定工程项目施工质量等级； （3）检查历次验收、专项验收的遗留问题和工程初期运行所发现问题的处理情况； （4）确定工程尾工内容及其完成期限和责任单位； （5）对竣工验收前应完成的工作做出安排； （6）讨论并通过竣工验收自查工作报告
4	竣工技术预验收	竣工技术预验收工作包括以下主要内容： （1）检查工程是否按批准的设计完成； （2）检查工程是否存在质量隐患和影响工程安全运行的问题； （3）检查历次验收、专项验收的遗留问题和工程初期运行中所发现问题的处理情况； （4）对工程重大技术问题做出评价； （5）检查工程尾工安排情况； （6）鉴定工程施工质量； （7）检查工程投资、财务情况； （8）对验收中发现的问题提出处理意见
5	竣工验收会议	竣工验收委员会可设主任委员 1 名，副主任委员以及委员若干名，主任委员应由验收主持单位代表担任
6	验收遗留问题及尾工处理	验收遗留问题和尾工的处理应由项目法人负责

考点 6　水力发电工程验收的要求

工程蓄水验收的基本要求

序号	项目	内容
1	验收申请	项目法人应根据工程进度安排，在计划下闸蓄水前 6 个月，向工程所在地省级人民政府能源主管部门报送工程蓄水验收申请，并抄送验收主持单位
2	验收组织	验收主持单位收到工程蓄水验收申请材料后，应会同工程所在地省级人民政府能源主管部门，并邀请相关部门、项目法人所属计划单列企业集团（或中央管理企业）、有关单位和专家共同组成验收委员会进行验收。必要时可组织专家组进行现场检查和技术预验收
3	验收条件	（1）工程形象面貌满足水库蓄水要求，挡水、引水、泄水建筑物满足防洪度汛和工程安全要求。 （2）近坝区影响工程安全运行滑坡体、危岩体、崩塌堆积体等地质灾害已按设计要求进行处理。 （3）与蓄水有关的建筑物的内外部监测仪器、设备已按设计要求埋设并调试，并已测得初始值。 （4）已编制下闸蓄水施工组织设计，制定水库调度和度汛规划，以及蓄水期事故应急救援预案。 （5）安全鉴定单位已提交工程蓄水安全鉴定报告，并有可以下闸蓄水的明确结论。 （6）建设征地移民安置已通过专项验收，并有不影响工程蓄水的明确结论

枢纽工程专项工程验收的基本要求

序号	项目	内容
1	验收申请	项目法人应根据工程进度安排,在枢纽工程专项验收计划前3个月,向工程所在地省级人民政府能源主管部门报送枢纽工程专项验收申请,并抄送验收主持单位
2	验收组织	验收主持单位收到枢纽工程专项验收申请材料后,应会同工程所在地省级人民政府能源主管部门,并邀请相关部门、项目法人所属计划单列企业集团(或中央管理企业)、有关单位和专家共同组成验收委员会进行验收。必要时可组织专家组进行现场检查和技术预验收
3	验收条件	(1)枢纽工程已按批准的设计文件全部建成,工程重大设计变更已完成变更手续。 (2)施工单位在质量保证期内已及时完成剩余尾工和质量缺陷处理工作。 (3)工程运行已经过至少一个洪水期的考验,多年调节水库需经过至少两个洪水期的考验,最高库水位已经达到或基本达到正常蓄水位,全部机组均能按额定出力正常运行,每台机组至少正常运行2000h(含电网调度安排的备用时间),各单项工程运行正常。 (4)工程安全鉴定单位已提出工程竣工安全鉴定报告,并有可以安全运行的结论意见

考点7 小型项目验收的要求

小型病险水库加固项目验收要求

序号	项目		内容
1	法人验收	分类	包括分部工程验收和单位工程验收
		组织	法人验收由项目法人主持,项目法人可以委托监理单位主持分部工程验收,涉及坝体与坝基防渗、设置在软基上的溢洪道、坝下埋涵等关键部位的分部工程验收应由项目法人主持
2	政府验收	分类	包括蓄水验收(或主体工程完工验收,下同)和竣工验收
		组织	小型除险加固项目竣工验收由省级人民政府水行政主管部门会同财政部门或由其委托市(地)级水行政主管部门会同财政部门主持,蓄水验收由省级人民政府水行政主管部门或其委托市(地)级水行政主管部门主持,具体验收方案由省级人民政府水行政主管部门确定
		程序	主要包括项目法人提出验收申请、验收主持单位召开验收会议、印发验收鉴定书等。验收会议程序主要包括现场检查工程建设情况、查阅有关资料、听取有关工作报告、讨论并通过验收鉴定书等
		验收委员会	验收委员会由验收主持单位、有关地方人民政府和相关部门、水库主管部门、质量和安全监督机构、运行管理等单位的代表以及相关专业的专家组成。项目法人、勘测设计、监理、施工和设备制造(供应)等单位应派代表参加验收会议,解答验收委员会提出的有关问题,并作为被验收单位代表在验收鉴定书上签字
		验收鉴定书核备	政府验收鉴定书通过之日起30个工作日内,应由验收主持单位发送有关单位。市(地)级人民政府水行政主管部门主持的政府验收,验收鉴定书应报省级人民政府水行政主管部门核备

小水电站工程验收的分类及监督管理

序号	项目		内容
1	验收分类		小水电工程验收工作按工程项目划分及验收流程可分为分部工程验收、单位工程验收、合同工程完工验收、阶段验收（含机组启动验收）、专项验收和竣工验收。 　　小水电工程验收工作按验收主持单位可分为法人验收和政府验收。法人验收应包括分部工程验收、单位工程验收、合同工程完工验收及中间机组启动验收等；政府验收应包括阶段验收（含首末台机组启动验收）、专项验收、竣工验收等，验收主持单位可根据工程建设需要增设验收的类别和具体要求
2	监督管理	分级管理	水利部负责指导全国小水电工程验收监督管理工作。县级以上地方人民政府水行政主管部门按照规定权限负责本行政区域内小水电工程验收监督管理工作。地方各级人民政府水行政主管部门按照地方小水电工程分级管理规定，主持或参与本行政区域内小水电工程政府验收工作，并作为法人验收监督管理机关对本行政区域内小水电工程的法人验收工作实施监督管理
		管理方式	包括现场检查、主持或参加验收活动、对验收工作计划与验收成果性文件进行备案等

小水电站工程验收的基本要求

序号	项目	要求
1	分部工程验收	分部工程验收应由项目法人（或委托监理单位）主持。验收工作组由项目法人、勘测、设计、监理、施工、主要设备制造（供应）商等单位的代表组成。 　　验收工作组成员应具备相应的专业知识或相应执业资格，且每个单位代表人数不宜超过2名
2	单位工程验收	单位工程验收应由项目法人（或委托监理单位）主持。验收工作组由项目法人、勘测、设计、监理、施工、主要设备制造（供应）商、运行管理等单位的代表组成。必要时，可邀请上述单位以外的专家参加。 　　验收工作组成员应具备相应的专业知识或相应执业资格，其中具有中级及以上技术职称的成员应占一半以上，且每个单位代表人数不宜超过2名
3	合同工程完工验收	合同工程完工验收应由项目法人主持。验收工作组应由项目法人以及与合同工程有关的勘测、设计、监理、施工、主要设备制造（供应）商、运行管理等单位的代表组成。必要时，可邀请上述单位以外的专家参加。 　　验收工作组成员应具备相应的专业知识或相应执业资格，其中具有中级及以上技术职称的成员应占一半以上，且每个单位代表人数不宜超过2名
4	阶段验收	阶段验收应由竣工验收主持单位或其委托的单位主持。阶段验收委员会应由验收主持单位、质量和安全监督机构、运行管理单位的代表以及有关专家组成；必要时，可邀请地方人民政府以及有关部门参加。工程参建单位应派代表参加阶段验收，并作为被验收单位在验收鉴定书上签字。其中，工程导（截）流前验收及水库（拦河闸）下闸蓄水验收，可根据工程的规模及重要性，由竣工验收主持单位或委托项目法人主持导（截）流验收。 　　机组启动验收中的首（末）台机组启动验收应由竣工验收主持单位或其委托单位组织的机组启动验收委员会负责；中间机组启动验收可由项目法人组织的机组启动验收小组负责。验收委员会（小组）应有所在地电网企业的代表参加

序号	项目	要求
5	专项验收	一般情况下，小水电工程在水库蓄水前需要进行水电站蓄水安全鉴定和水电站征地移民安置验收，水电站竣工验收前要进行水电站环境保护工程验收、水电站水土保持工程验收；对于国有资金投资和容量相对较大的电站，机组启动前要进行水电站消防工程验收，水电站竣工验收前要进行水电站工程竣工安全鉴定、水电站工程档案验收、水电站劳动安全与工业卫生验收和工程决算专项验收
6	竣工验收	竣工验收分为竣工技术预验收和竣工验收两个阶段。 　　竣工技术预验收应由竣工验收主持单位组织的专家组负责。 　　竣工验收委员会应由竣工验收主持单位、地方人民政府有关部门、有关水行政主管部门、质量和安全监督机构、工程投资方、运行管理单位的代表以及有关专家组成。竣工验收委员会可设主任委员1名，副主任委员以及委员若干名，主任委员应由验收主持单位代表担任。 　　项目法人、勘测、设计、监理、施工、主要设备制造（供应）商等单位应派代表参加竣工验收，负责解答验收委员会提出的问题，并应作为被验收单位代表在验收鉴定书上签字
7	工程移交	通过合同工程完工验收后，项目法人与施工单位应在20个工作日内组织专人负责工程的交接工作，交接过程应有完整的文字记录且有双方交接负责人签字。 　　在施工单位递交了工程质量保修书、提交有关竣工资料，完成施工场地清理后，项目法人应在20个工作日内向施工单位颁发合同工程完工证书

2F320100　水利水电工程施工监理

【考点图谱】

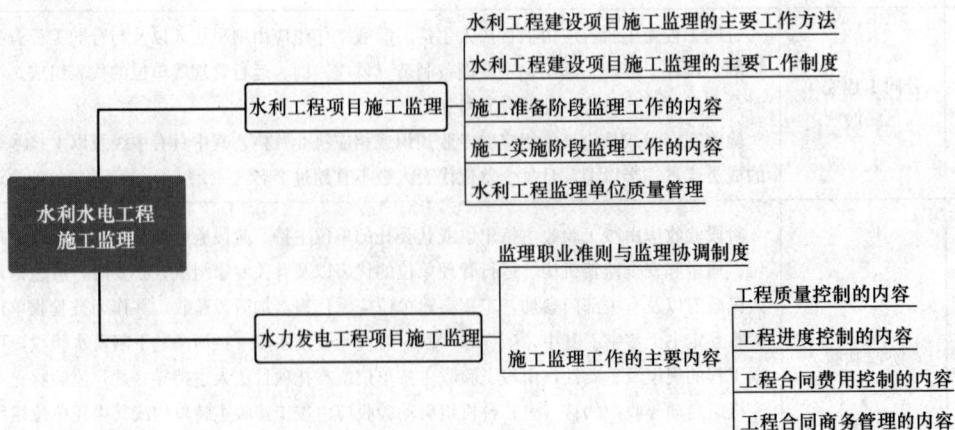

【考点精析】

考点1 水利工程项目施工监理

水利工程建设项目施工监理的主要工作方法

序号	工作方法	内容
1	现场记录	监理机构记录每日施工现场的人员、原材料、中间产品、工程设备、施工设备、天气、施工环境、施工作业内容、存在的问题及其处理情况等
2	发布文件	监理机构采用通知、指示、批复、确认等书面文件开展施工监理工作
3	旁站监理	监理机构按照监理合同约定和监理工作需要，在施工现场对工程重要部位和关键工序的施工作业实施连续性的全过程监督、检查和记录
4	巡视检查	监理机构对所监理工程的施工进行的定期或不定期的监督和检查
5	跟踪检测	监理机构对承包人在质量检测中的取样和送样进行监督。跟踪检测费用由承包人承担
6	平行检测	在承包人对原材料、中间产品和工程质量自检的同时，监理机构按照监理合同约定独立进行抽样检测，核验承包人的检测结果。平行检测费用由发包人承担
7	协调	监理机构依据合同约定对施工合同双方之间的关系以及工程施工过程中出现的问题和争议进行的沟通、协商和调解

施工准备阶段与实施阶段监理工作的内容

序号	工作阶段	工作内容
1	准备阶段	（1）检查开工前由发包人准备的施工条件情况： ① 首批开工项目施工图纸的提供； ② 测量基准点的移交； ③ 施工用地的提供； ④ 施工合同约定应由发包人负责的道路、供电、供水、通信及其他条件和资源的提供情况。 （2）检查开工前承包人的施工准备情况
2	实施阶段	（1）开工条件的控制。 （2）工程质量控制：监理机构可采用跟踪检测、平行检测方法对承包人的检验结果进行复核。平行检测的检测数量，混凝土试样不应少于承包人检测数量的3%；重要部位每种强度等级的混凝土最少取样1组；土方试样不应少于承包人检测数量的5%；重要部位至少取样3组；跟踪检测的检测数量，混凝土试样不应少于承包人检测数量的7%，土方试样不应少于承包人检测数量的10%。 （3）工程进度控制。 （4）工程资金控制。 （5）施工安全监理。 （6）文明施工监理。 （7）合同管理的其他工作。 （8）信息管理。 （9）工程质量评定与验收

考点2 水力发电工程项目施工监理

水力发电工程施工监理工作的主要内容

序号	项目	内容
1	工程质量控制	工程开工申报及施工质量检查，一般按单位工程、分部工程、分项工程、单元工程四级进行划分
2	工程进度控制	(1) 在工程项目开工前，协助发包人编制工程控制性总进度计划。 (2) 审查承包人报送的施工进度计划。 (3) 对工程进展及进度实施过程进行控制。 (4) 按合同文件规定受理承包人申报的工程延期索赔申请。 (5) 向发包人提供关于施工进度的建议及分析报告。 (6) 依据工程监理合同规定，向发包人编报进度报表
3	工程合同费用控制	(1) 根据批准的工程施工控制性进度计划及其分解目标计划，协助发包人编制分年或单项工程项目的合同支付资金计划。 (2) 对工程变更、工期调整申报的经济合理性进行审议并提出审议意见。 (3) 进行已完成实物量的支付计量，并对施工过程中工程费用计划值与实际值进行比较分析。 (4) 根据工程合同文件规定受理合同索赔。 (5) 合同支付审核与结算签证。 (6) 依据工程合同文件规定和发包人授权进行合同价格调整。 (7) 协助发包人进行完工结算
4	工程合同商务管理	(1) 工程变更。依据其性质与对工程项目的影响程度，分为重大工程变更、较大工程变更、一般工程变更、常规设计变更四类。 (2) 合同索赔。可以分为施工费用索赔、工期延期索赔或施工费用连同工期延期索赔。 (3) 分包管理。除非发包人授权或工程施工合同文件另有规定，否则监理机构不受理承包人与分包人之间的分包合同纠纷

2F330000 水利水电工程项目施工相关法规与标准

2F331000 水利水电工程项目施工相关法律规定

2F331010 水工程实施保护和建设许可的相关规定

【考点图谱】

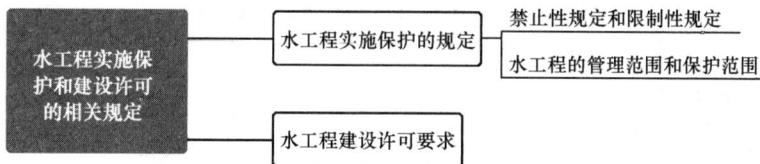

【考点精析】

考点1 水工程实施保护的规定

禁止性规定和限制性规定

序号	项目	内容
1	禁止性规定	《中华人民共和国水法》规定，禁止在江河、湖泊、水库、运河、渠道内弃置、堆放阻碍行洪的物体和种植阻碍行洪的林木及高秆作物。禁止在河道管理范围内建设妨碍行洪的建筑物、构筑物以及从事影响河势稳定、危害河岸堤防安全和其他妨碍河道行洪的活动
2	限制性规定	《中华人民共和国水法》规定，在河道管理范围内建设桥梁、码头和其他拦河、跨河、临河建筑物、构筑物，铺设跨河管道、电缆，应当符合国家规定的防洪标准和其他有关的技术要求，工程建设方案应当依照防洪法的有关规定报经有关水行政主管部门审查同意

水工程的管理范围和保护范围

序号	项目	内容	说明
1	管理范围	管理范围是指为了保证工程设施正常运行管理的需要而划分的范围，如堤防工程的护堤地等，水工程管理单位依法取得土地的使用权，故管理范围通常视为水工程设施的组成部分	各级河长负责组织领导相应河湖的管理和保护工作，包括水资源保护、水域岸线管理、水污染防治、水环境治理等，牵头组织对侵占河道、围垦湖泊、超标排污、非法采砂、破坏航道、电毒炸鱼等突出问题依法进行清理整治，协调解决重大问题；对跨行政区域的河湖明晰管理责任，协调上下游、左右岸实行联防联控；对相关部门和下一级河长履职情况进行督导，对目标任务完成情况进行考核，强化激励问责
2	保护范围	保护范围是指为了防止在工程设施周边进行对工程设施安全有不良影响的其他活动，满足工程安全需要而划定的一定范围	

考点2 水工程建设许可要求

水资源规划

序号	项目	内容
1	分类	水资源规划按层次分为全国战略规划、流域规划和区域规划。其中流域规划又划分为流域综合规划和流域专业规划；区域规划又划分为区域综合规划和区域专业规划
2	关系	流域范围内的区域规划应当服从流域规划，专业规划应当服从综合规划

2F331020 防洪的相关规定

【考点图谱】

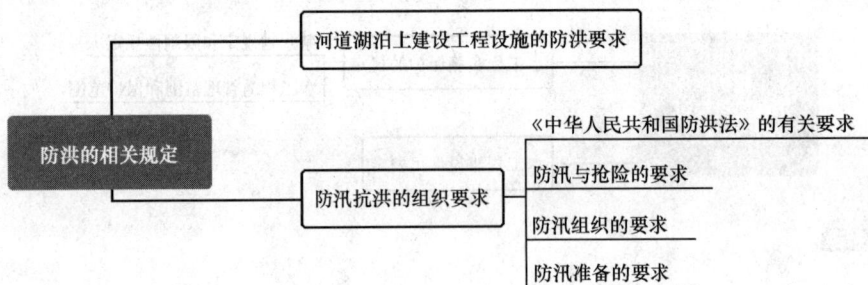

【考点精析】

考点1 河道湖泊上建设工程设施的防洪要求

防洪渠的分类

序号	类型	内容
1	洪泛区	尚无工程设施保护的洪水泛滥所及的地区
2	蓄滞洪区	包括分洪口在内的河堤背水面以外临时贮存洪水的低洼地区及湖泊等
3	防洪保护区	在防洪标准内受防洪工程设施保护的地区

在河道湖泊上建设工程设施的防洪要求

《中华人民共和国防洪法》第二十七条规定，建设跨河、穿河、穿堤、临河的桥梁、码头、道路、渡口、管道、缆线、取水、排水等工程设施，应当符合防洪标准、岸线规划、航运要求和其他技术要求，不得危害堤防安全，影响河势稳定、妨碍行洪畅通；其工程建设方案应当经有关水行政主管部门根据前述防洪要求审查同意。

《中华人民共和国防洪法》第三十三条规定，在洪泛区、蓄滞洪区内建设非防洪建设项目，应当就洪水对建设项目可能产生的影响和建设项目对防洪可能产生的影响作出评价，编制洪水影响评价报告，提出防御措施。洪水影响评估报告未经有关水行政主管部门审查批准的，建设单位不得开工建设。在蓄滞洪区内建设的油田、铁路、公路、矿山、电厂、电信设施和管道，其洪水影响评价报告应当包括建设单位自行安排的防洪避洪方案。

建设项目投入生产或者使用时，其防洪工程设施应当经水行政主管部门验收。在蓄滞洪区内建造房屋应当采用平顶式结构。

考点2 防汛抗洪的组织要求

防汛抗洪的组织要求

项目	内容
《中华人民共和国防洪法》的有关要求	《中华人民共和国防洪法》规定，防汛抗洪工作实行各级人民政府行政首长负责制，统一指挥、分级分部门负责。行政首长负责是指全国由国务院负责，省、市、县由省长、市长、县长负总责。在统一指挥的原则下，以分级分部门负责为基础实现防汛抗洪工作的统一指挥。 省、自治区、直辖市人民政府防汛指挥机构根据当地的洪水规律，规定汛期起止日期。当江河、湖泊的水情接近保证水位或者安全流量，水库水位接近设计洪水位，或者防洪工程设施发生重大险情时，有关县级以上人民政府防汛指挥机构可以宣布进入紧急防汛期。汛期一般分为春汛（桃花汛）、伏汛（主要汛期）和秋汛。保证水位是指保证江河、湖泊在汛期安全运用的上限水位。相应保证水位时的流量称为安全流量。江河、湖泊的水位在汛期上涨可能出现险情之前而必须开始警戒并准备防汛工作时的水位称为警戒水位。设计洪水位是指水库遇到设计洪水时，在坝前达到的最高水位，是水库在正常运用设计情况下允许达到的最高水位
防汛与抢险的要求	《中华人民共和国防汛条例》规定，防汛工作实行"安全第一，常备不懈，以防为主，全力抢险"的方针，遵循团结协作和局部利益服从全局利益的原则。防汛工作实行各级人民政府行政首长负责制，实行统一指挥，分级分部门负责。各有关部门实行防汛岗位责任制。任何单位和个人都有参加防汛抗洪的义务。 在汛期，河道、水库、水电站、闸坝等水工程管理单位必须按照规定对水工程进行巡查，发现险情，必须立即采取抢护措施，并及时向防汛指挥部和上级主管部门报告。其他任何单位和个人发现水工程设施出现险情，应当立即向防汛指挥部和水工程管理单位报告
防汛组织的要求	《中华人民共和国防汛条例》规定，国务院设立国家防汛总指挥部，负责组织领导全国的防汛抗洪工作，其办事机构设在国务院水行政主管部门。 有防汛任务的县级以上地方人民政府设立防汛指挥部，由有关部门、当地驻军、人民武装部负责人组成，由各级人民政府首长担任指挥。各级人民政府防汛指挥部在上级人民政府防汛指挥部和同级人民政府的领导下，执行上级防汛指令，制定各项防汛抗洪措施，统一指挥本地区的防汛抗洪工作

2F331030 与工程建设有关的水土保持规定

【考点图谱】

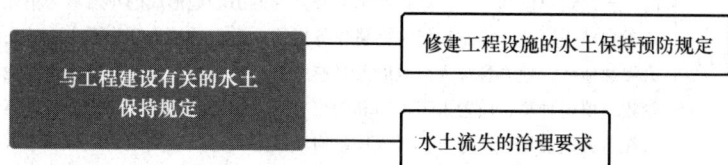

考点 1　修建工程设施的水土保持预防规定

修建工程设施的水土保持预防的相关规定

序号	项目	内容
1	水土流失防治指标	包括扰动土地整治率、水土流失总治理度、土壤流失控制比、拦渣率、林草植被恢复率、林草覆盖率等六项
2	确定水土流失防治标准执行等级时应符合的规定	(1) 一级标准。依法划定的国家级水土流失重点预防保护区、重点监督区和重点治理区及省级重点预防保护区。 (2) 二级标准。依法划定的省级水土流失重点治理区和重点监督区。 (3) 三级标准。一级标准和二级标准未涉及的其他区域
3	禁止性规定	《中华人民共和国水土保持法》规定，禁止在崩塌、滑坡危险区和泥石流易发区从事取土、挖砂、采石等可能造成水土流失的活动。禁止在25°以上陡坡地开垦种植农作物。在25°以上陡坡地种植经济林的，应当科学选择树种，合理确定规模，采取水土保持措施，防止造成水土流失。省、自治区、直辖市根据本行政区域的实际情况，可以规定小于25°的禁止开垦坡度。禁止开垦的陡坡地的范围由当地县级人民政府划定并公告

考点 2　水土流失的治理要求

水土流失的治理要求

序号	项目	内容
1	水土保持方案的编制、审批	《中华人民共和国水土保持法》规定，在山区、丘陵区、风沙区以及水土保持规划确定的容易发生水土流失的其他区域开办可能造成水土流失的生产建设项目，生产建设单位应当编制水土保持方案，报县级以上人民政府水行政主管部门审批，并按照经批准的水土保持方案，采取水土流失预防和治理措施。没有能力编制水土保持方案的，应当委托具备相应技术条件的机构编制。 水土保持方案应当包括水土流失预防和治理的范围、目标、措施和投资等内容。 水土保持方案经批准后，生产建设项目的地点、规模发生重大变化的，应当补充或者修改水土保持方案并报原审批机关批准。水土保持措施需要作出重大变更的，应当经原审批机关批准
2	水土流失防治措施	《中华人民共和国水土保持法》规定，在水力侵蚀地区，地方各级人民政府及其有关部门应当组织单位和个人，以天然沟壑及其两侧山坡地形成的小流域为单元，因地制宜地采取工程措施、植物措施和保护性耕作等措施，进行坡耕地和沟道水土流失综合治理。在风力侵蚀地区，地方各级人民政府及其有关部门应当组织单位和个人，因地制宜地采取轮封轮牧、植树种草、设置人工沙障和网格林带等措施，建立防风固沙防护体系。 在重力侵蚀地区，地方各级人民政府及其有关部门应当组织单位和个人，采取监测、径流排导、削坡减载、支挡固坡、修建拦挡工程等措施，建立监测、预报、预警体系

2F332000　水利水电工程建设强制性标准

2F332010　水利工程施工的强制性标准

【考点图谱】

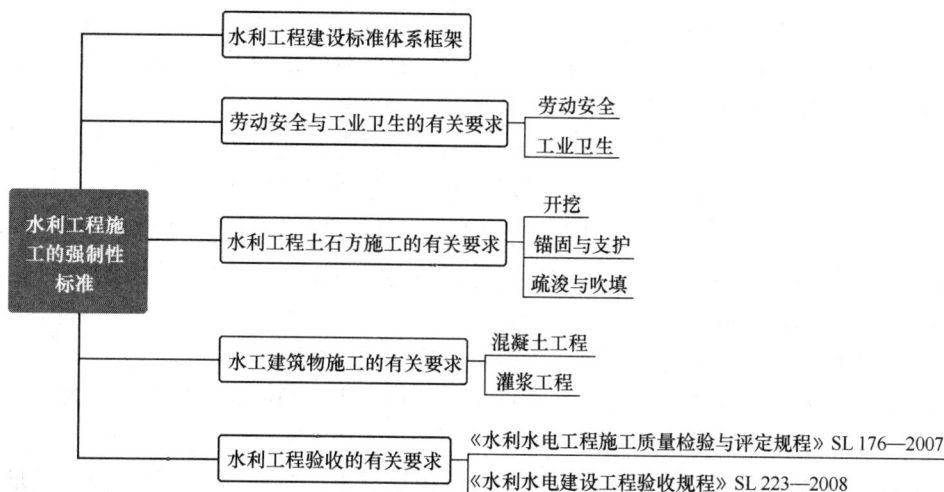

【考点精析】

考点1　水利工程建设标准体系框架

水利标准

序号	水利标准		内容
1	国家标准	强制性标准	对保障人身健康和生命财产安全、国家安全、生态环境安全、工程安全以及满足经济社会管理基本需要等法律、行政法规、国务院决定规定强制执行的水利技术要求，应制定强制性国家标准。工程建设类可以制定强制性标准
		推荐性标准	对满足基础通用、与强制性国家标准配套、对各有关行业起引领作用等需要的水利技术要求，可以制定推荐性国家标准。行业标准一般为推荐性标准
2	行业标准		对没有国家标准，需要在水利行业内统一的技术要求，可以制定行业标准
3	地方标准		为满足地方自然条件，适应当地经济社会发展水平，需要在特定行政区域、流域内统一的水利技术要求，可以制定地方标准
4	团体标准		水利部对团体标准的制定进行规范、指导和监督。 鼓励学会、协会、商会、联合会、产业技术联盟等社会团体协调相关市场主体共同制定满足市场和创新需求的团体标准，由本团体成员约定采用或者按照本团体的规定供社会自愿采用
5	企业标准		企业可以根据需要自行制定企业标准，或者与其他企业联合制定企业标准

水利技术标准体系表

《水利技术标准体系表》包括水利部组织编制的国家标准和水利行业标准，不包括地方标准、团体标准和企业标准。《水利技术标准体系表》原则上每 5 年修订一次。2021 年版水利技术标准体系结构由专业门类、功能序列构成。

考点 2　劳动安全与工业卫生的有关要求

《水利水电工程劳动安全与工业卫生设计规范》GB 50706—2011 关于劳动安全的有关要求

（1）采用开敞式高压配电装置的独立开关站，其场地四周应设置高度不低于 2.2m 的围墙。

（2）地网分期建成的工程，应校核分期投产接地装置的接触电位差和跨步电位差，其数值应满足人身安全的要求。

（3）在中性点直接接地的低压电力网中，零线应在电源处接地。

（4）安全电压供电电路中的电源变压器，严禁采用自耦变压器。

（5）独立避雷针、装有避雷针或避雷线的构架，以及装有避雷针的照明灯塔上的照明灯电源线，均应采用直接埋入地下的带金属外皮的电缆或穿入埋地金属管的绝缘导线，且埋入地中长度不小于 10m。

（6）易发生爆炸、火灾造成人身伤亡的场所应装设应急照明。

（7）机械排水系统的排水管管口高程低于下游校核洪水位时，必须在排水管道上装设逆止阀。

（8）防洪防淹设施应设置不少于 2 个的独立电源供电，且任意一电源均应能满足工作负荷的要求。

《水工建筑物滑动模板施工技术规范》SL 32—2014 关于劳动安全的有关要求

（1）操作平台及悬挂脚手架上的铺板应严密、平整、固定可靠并防滑；操作平台上的孔洞应设盖板或防护栏杆，操作平台上孔洞盖板的打开与关闭应是可控和可靠的。

（2）操作平台及悬挂脚手架边缘应设防护栏杆，其高度应不小于 120cm，横挡间距应不大于 35cm，底部应设高度不小于 30cm 的挡板且应封闭密实。

（3）人货两用的施工升降机在使用时，严禁人货混装。

（4）拆除滑模时，应采取防止操作人员坠落的措施，对空心筒类构筑物，应在顶端设置安全行走平台。

《核子水分—密度仪现场测试规程》SL 275—2014 关于劳动安全的有关要求

（1）凡使用核子水分密度仪的单位均应取得"许可证"，操作人员应经培训并取得上岗证书。

（2）由专业的人员负责仪器的使用、维护保养和保管，但不得拆装仪器内放射源。

（3）仪器工作时，应在仪器放置地点的 3m 范围设置明显放射性标志和警戒线，无关人员应退至警戒线外。

（4）仪器非工作期间，应将仪器手柄置于安全位置。核子水分—密度仪应装箱上锁，放在符合辐射安全规定的专门地方，并由专人保管。

（5）仪器操作人员在使用仪器时，应佩戴射线剂量计，监测和记录操作人员所受射线剂量，并建立个人辐射剂量记录档案。

（6）每隔 6 个月按相关规定对仪器进行放射源泄露检查，检查结果不符合要求的仪器不得再投入使用。

《水利水电工程施工组织设计规范》SL 303—2017 关于劳动安全的有关要求

（1）土石围堰边坡稳定安全系数满足下表规定：

土石围堰边坡稳定安全系数表

围堰级别	计算方法	
	瑞典圆弧法	简化毕肖普法
3 级	≥1.20	≥1.30
4 级、5 级	≥1.05	≥1.15

（2）不过水围堰堰顶高程和堰顶安全加高值应符合下列规定：

① 堰顶高程应不低于设计洪水的静水位与波浪高度及堰顶安全加高值之和，其堰顶安全加高应不低于下表的规定值。

不过水围堰堰顶安全加高下限值（m）

围堰型式	围堰级别	
	3	4～5
土石围堰	0.7	0.5
混凝土围堰、浆砌石围堰	0.4	0.3

② 土石围堰防渗体顶部在设计洪水静水位以上的加高值：斜墙式防渗体为 0.8～0.6m；心墙式防渗体为 0.6～0.3m。3 级土石围堰的防渗体顶部应预留完工后的沉降超高。

③ 考虑涌浪或折冲水流影响，当下游有支流顶托时，应组合各种流量顶托情况，校核围堰堰顶高程。

《水工建筑物地下开挖工程施工规范》SL 378—2007 关于劳动安全的有关要求

（1）竖井吊罐及斜井运输车牵引绳，应有断绳保险装置。

（2）井口应设阻车器、安全防护栏或安全门。

（3）斜井、竖井自上而下扩大开挖时，应有防止导井堵塞和人员坠落的措施。

（4）地下洞室开挖施工过程中，洞内氧气体积不应少于 20%。

《水利水电工程施工通用安全技术规程》SL 398—2007 关于劳动安全的有关要求

序号	项目	内容
1	库区照明	地下爆破器材库的照明，还应遵守下列规定： （1）应采用防爆型或矿用密闭型电气器材，电源线路应采用铠装电缆。 （2）地下库区存在可燃性气体和粉尘爆炸危险时，应使用防爆型移动电灯和防爆手电筒；其他地下库区，应使用蓄电池灯、防爆手电筒或汽油安全灯作为移动式照明
2	爆破器材装卸	（1）从事爆破器材装卸的人员，应经过有关爆破材料性能的基础教育和熟悉其安全技术知识。 （2）搬运装卸作业宜在白天进行，炎热的季节宜在清晨或傍晚进行。如需在夜间装卸爆破器材时，装卸场所应有充足的照明，并只允许使用防爆安全灯照明，禁止使用油灯、电石灯、汽灯、火把等明火照明。 （3）装卸爆破器材时，装卸现场应设置警戒岗哨，有专人在场监督。

序号	项目	内容
2	爆破器材装卸	（4）搬运时应谨慎小心，轻搬轻放，不得冲击、撞碰、拉拖、翻滚和投掷。严禁在装有爆破材料的容器上踩踏。 （5）人力装卸和搬运爆破器材，每人一次以 25～30kg 为限，搬运者间距不得少于 3m。 （6）同一车上不得装运两类性质相抵触的爆破器材，且不得与其货物混装。雷管等起爆器材与炸药不允许同时在同一车厢或同一地点装卸。 （7）装卸过程中司机不得离开驾驶室。遇雷电天气，禁止装卸和运输爆破器材。 （8）装车后应加盖帆布，并用绳子绑牢，检查无误后方可开车
3	爆破器材运输	（1）运输爆破器材，应遵守下列基本规定： ① 禁止用翻斗车、自卸汽车、拖车、机动三轮车、人力三轮车、摩托车和自行车等运输爆破器材。 ② 运输炸药、雷管时，装车高度要低于车箱 10cm。雷管箱不应倒放或立放，层间也应垫软垫。 （2）水路运输爆破器材，还应遵守下列规定： ① 严禁使用筏类船只作运输工具。 ② 用机动船运输时，应预先切断装爆破器材船舱的电源；地板和垫物应无缝隙，仓口应关闭；与机仓相邻的船仓应设有隔墙。 （3）汽车运输爆破器材时，车箱底板、侧板和尾板均不应有空隙，所有空隙应予以严密堵塞

《水利水电工程施工通用安全技术规程》SL 398—2007 关于工业卫生的有关要求

工程建设各单位应建立职业卫生管理规章制度和施工人员职业健康档案，对从事尘、毒、噪声等职业危害的人员应每年进行一次职业体检，对确认职业病的职工应及时给予治疗，并调离原工作岗位。

考点 3　水利工程土石方施工的有关要求

水利工程土石方施工的有关规定

项目		内容
开挖	《水工建筑物岩石基础开挖工程施工技术规范》SL 47—1994 规定	（1）严禁在设计建基面、设计边坡附近采用洞室爆破法或药壶爆破法施工。 （2）未经安全技术论证和主管部门批准，严禁采用自下而上的开挖方式
	《水工建筑物地下开挖工程施工规范》SL 378—2007 规定	地下洞室洞口削坡应自上而下分层进行，严禁上下垂直作业。进洞前，应做好开挖及其影响范围内的危石清理和坡顶排水，按设计要求进行边坡加固。 当特大断面洞室设有拱座，采用先拱后墙法开挖时，应注意保护和加固拱座岩体。拱脚下部的岩体开挖，应符合下列条件： （1）拱脚下部开挖面至拱脚线最低点的距离不应小于 1.5m； （2）顶拱混凝土衬砌强度不应低于设计强度的 75%。 采用电力起爆方法，装炮时距工作面 30m 以内应断开电源，可在 30m 以外用投光灯或矿灯照明

项目	内容
锚固与支护	《水利水电工程锚喷支护技术规范》SL 377—2007 规定，竖井或斜井中的锚喷支护作业应遵守下列安全规定： （1）井口应设置防止杂物落入井中的措施。 （2）采用溜筒运送喷射混凝土混合料时，井口溜筒喇叭口周围应封闭严密

考点4 水工建筑物施工的有关要求

水工建筑物施工的有关要求

序号	项目		内容
1	混凝土工程	《水工建筑物滑动模板施工技术规范》SL 32—2014	（1）对首次采用的树种，应先进行试验，达到要求后方可使用。 （2）人员进出滑模的通道应安全可靠。 （3）千斤顶和支承杆的最少数量，应符合规定。 （4）混凝土面板堆石坝滑动模板应具有制动保险装置；采用卷扬机牵引时，卷扬机应设置安全可靠的地锚。 （5）当滑模安装高度达到或超过2.0m时，对安装人员必须采取高空作业保护措施。 （6）陡坡上的滑模施工，应具有保证安全的措施。 （7）每滑升1~3m，应对建筑物的轴线、尺寸、形状、位置及标高进行测量检查，并做好记录． （8）在滑模施工中应及时掌握当地气象情况，遇到雷雨、六级和六级以上大风时，露天的滑模应停止施工，采取停滑措施。全部人员撤离后，应立即切断通向操作平台的供电电源。 （9）在施工的建（构）筑物周围应划出施工危险警戒区，警戒线至建（构）筑物外边线的距离应不小于施工对象高度的1/10，且不小于10m。 （10）危险警戒区内的建筑物出入口、地面通道及机械操作场所，应搭设高度不小于2.5m的安全防护棚。 （11）当滑模施工进行立体交叉作业时，在上、下工作面之间应搭设安全隔离棚。 （12）施工升降机应有可靠的安全保护装置，运输人员的提升设备的钢丝绳的安全系数不应小于12。同时，应设置两套互相独立的防坠落保护装置，形成并联的保险。 （13）滑模施工现场的场地和操作平台上应分别设置配电装置。 （14）露天施工，滑模应有可靠的防雷接地装置，防雷接地应单独设置，不应与保护接地混合
		《水工碾压混凝土施工规范》SL 53—1994	（1）施工前应通过现场碾压试验验证碾压混凝土配合比的适应性，并确定其施工工艺参数。 （2）每层碾压作业结束后，应及时按网格布点检测混凝土的压实容重。所测容重低于规定指标时，应立即重复检测，并查找原因，采取处理措施。 （3）连续上升铺筑的碾压混凝土，层间允许间隔时间（系指下层混凝土拌合物拌合加水时起到上层混凝土碾压完毕为止），应控制在混凝土初凝时间以内。 （4）施工缝及冷缝必须进行层面处理，处理合格后方能继续施工
		《水工混凝土施工规范》SL 677—2014	拆除模板的期限，应遵守下列规定： （1）不承重的侧面模板，混凝土强度达到2.5MPa以上，保证其表面及棱角不因拆模而损坏时，方可拆除。 （2）钢筋混凝土结构的承重模板，混凝土达到下列强度后（按混凝土设计强度标准值的百分率计），方可拆除： ① 悬臂板、梁：跨度 $l \leqslant 2m$，70%；跨度 $l > 2m$，100%。 ② 其他梁、板、拱： 跨度 $l \leqslant 2m$，50%； $2m < 跨度 l \leqslant 8m$，75%； 跨度 $l > 8m$，100%
2	灌浆工程		接缝灌浆应在库水位低于灌区底部高程的条件下进行。蓄水前应完成蓄水初期最低库水位以下各灌区的接缝灌浆及其验收工作

考点 5　水利工程验收的有关要求

序号	项目	内容
1	《水利水电工程施工质量检验与评定规程》SL 176—2007	(1) 对涉及工程结构安全的试块、试件及有关材料，应实行见证取样。见证取样资料由施工单位制备，记录应真实齐全，参与见证取样人员应在相关文件上签字。 (2) 施工单位应按《单元工程评定标准》及有关技术标准对水泥、钢材等原材料与中间产品质量进行检验，并报监理单位复核。 (3) 水工金属结构、启闭机及机电产品进场后，有关单位应按有关合同进行交货检查和验收。安装前，施工单位应检查产品是否有出厂合格证、设备安装说明书及有关技术文件，对在运输和存放过程中发生的变形、受潮、损坏等问题应作好记录，并进行妥善处理。 (4) 施工单位应按《单元工程评定标准》检验工序及单元工程质量，作好书面记录，在自检合格后，填写《水利水电工程施工质量评定表》报监理单位复核。监理单位根据抽检资料核定单元（工序）工程质量等级。发现不合格单元（工序）工程，应要求施工单位及时进行处理，合格后才能进行后续工程施工。对施工中的质量缺陷应书面记录备案，进行必要的统计分析，并在相应单元（工序）工程质量评定表"评定意见"栏内注明。 (5) 工程质量事故处理后，由项目法人委托具有相应资质等级的工程质量检测单位检测后，按照处理方案确定的质量标准，重新进行工程质量评定
2	《水利水电建设工程验收规程》SL 223—2008	(1) 当工程具备验收条件时，应及时组织验收。未经验收或验收不合格的工程不得交付使用或进行后续工程施工。验收工作应相互衔接，不应重复进行。 (2) 枢纽工程导（截）流前，应进行导（截）流验收。 (3) 水库下闸蓄水前，应进行下闸蓄水验收。 (4) 引（调）排水工程通水前，应进行通水验收。 (5) 水电站（泵站）每台机组投入运行前，应进行机组启动验收

2F332020　电力工程施工的强制性标准

【考点图谱】

电力工程施工的强制性标准 ── 水力发电工程地质与开挖的有关要求 ── 《水工建筑物地下工程开挖施工技术规范》DL/T 5099—2011
《水电水利工程爆破施工技术规范》DL/T 5135—2013

【考点精析】

考点　水力发电工程地质与开挖的有关要求

水力发电工程地质与开挖的有关要求

序号	项目	内容
1	《水工建筑物地下开挖工程施工技术规范》DL/T 5099—2011	(1) 每批爆破材料使用前，必须进行有关的性能检验。 (2) 进行爆破时，人员应撤至飞石、有害气体和冲击波的影响范围之外，且无落石威胁的安全地点。单向开挖隧洞，安全地点至爆破工作面的距离，应不少于200m。 (3) 洞室群多个工作面同时进行爆破作业时，应建立协调机制、统一指挥、落实责任，确保作业人员的安全和相邻炮区的安全准爆。

序号	项目	内容
1	《水工建筑物地下开挖工程施工技术规范》DL/T 5099—2011	(4) 开挖面与衬砌面平行作业时的距离,应根据围岩特性、混凝土强度的允许质点震动速度及开挖作业需要的工作空间确定。若因地质原因需要混凝土衬砌紧跟开挖面时,按混凝土龄期强度的允许质点震动速度确定最大单段装药量。 (5) 对有瓦斯、高温等作业区,应做专项通风设计,并进行监测。 (6) 施工中遇到含瓦斯地段时,应按防瓦斯安全措施施工,并应遵守下列规定: ① 机电设备及照明灯具等,均应采用防爆形式。 ② 应配备专职瓦斯检测人员。 (7) 洞内施工不应使用汽油机械,使用柴油机械时,宜加设废气净化装置。柴油机械燃料中宜掺添加剂,以减少有毒气体的排放量
2	《水电水利工程爆破施工技术规范》DL/T 5135—2013	(1) 爆破后人员进入工作面检查等待时间应按下列规定执行: ① 明挖爆破时,应在爆破后5min进入工作面;当不能确认有无盲炮时,应在爆破后15min进入工作面。 ② 地下洞室爆破应在爆破后15min,并经检查确认洞室内空气合格后,方可准许人员进入工作面。 ③ 拆除爆破应等待倒塌建(构)筑物和保留建(构)筑物稳定之后,方可准许人员进入现场。 (2) 保护层及邻近保护层的爆破孔不得使用散装流态炸药。 (3) 装药完成后,应将剩余爆破器材及时撤出现场,退回爆破器材库。 (4) 相向掘进的两个工作面,两端施工应统一指挥。在相距5倍洞径或30m爆破时,双方人员均需撤离工作面;相距15m时,必须采用一个工作面爆破,直至贯通

2F333000 二级建造师(水利水电工程)注册执业管理规定及相关要求

【考点图谱】

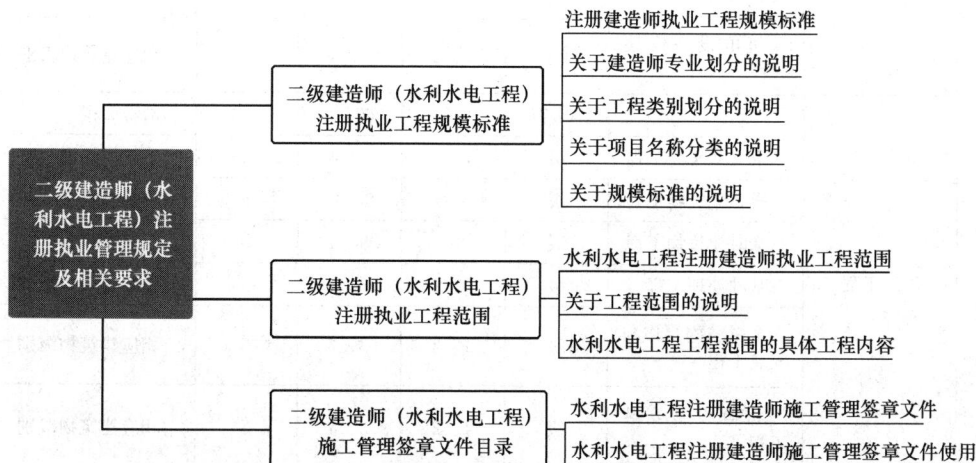

考点1　二级建造师（水利水电工程）注册执业工程规模标准

注册建造师执业工程规模标准（水利水电工程）

序号	工程类别	项目名称	单位	规模			备注
				大型	中型	小型	
1	水库工程（蓄水枢纽工程）		亿立方米	≥1.0	1.0～0.001	<0.001	总库容（总蓄水容积）
		主要建筑物工程（包括大坝、隧洞、溢洪道、电站厂房、船闸等）	级	1、2	3、4、5		建筑物级别
		次要建筑物工程	级		3、4	5	建筑物级别
		临时建筑物工程	级		3、4	5	建筑物级别
		基础处理工程	级	1、2	3、4、5		相应建筑物级别
		金属结构制作与安装工程	级	1、2	3、4、5		相应建筑物级别
		机电设备安装工程	级	1、2	3、4、5		相应建筑物级别
2	防洪工程			特别重要、重要	中等、一般		保护城镇及工矿企业的重要性
			10^4 亩	≥100	100～5	<5	保护农田
		主要建筑物工程	级	1、2	3、4	5	建筑物级别
		次要建筑物工程	级		3、4	5	建筑物级别
		临时建筑物工程	级		3、4	5	建筑物级别
		基础处理工程	级	1、2	3、4	5	相应建筑物级别
		金属结构制作与安装工程	级	1、2	3、4	5	相应建筑物级别
		机电设备安装工程	级	1、2	3、4	5	相应建筑物级别
3	治涝工程		10^4 亩	≥60	60～3	<3	治涝面积
		主要建筑物工程	级	1、2	3、4	5	建筑物级别
		次要建筑物工程	级		3、4	5	建筑物级别
		临时建筑物工程	级		3、4	5	建筑物级别
		基础处理工程	级	1、2	3、4	5	相应建筑物级别
		金属结构制作与安装工程	级	1、2	3、4	5	相应建筑物级别
		机电设备安装工程	级	1、2	3、4	5	相应建筑物级别

序号	工程类别	项目名称	单位	规模			备注
				大型	中型	小型	
4	灌溉工程		10^4 亩	≥50	50～0.5	<0.5	灌溉面积
		主要建筑物工程	级	1、2	3、4	5	建筑物级别
		次要建筑物工程	级		3、4	5	建筑物级别
		临时建筑物工程	级		3、4	5	建筑物级别
		基础处理工程	级	1、2	3、4	5	相应建筑物级别
		金属结构制作与安装工程	级	1、2	3、4	5	相应建筑物级别
		机电设备安装工程	级	1、2	3、4	5	相应建筑物级别
5	供水工程			特别重要、重要	中等、一般		供水对象重要性
		主要建筑物工程	级	1、2	3、4		建筑物级别
		次要建筑物工程	级		3、4	5	建筑物级别
		临时建筑物工程	级		3、4	5	建筑物级别
		基础处理工程	级	1、2	3、4	5	相应建筑物级别
		金属结构制作与安装工程	级	1、2	3、4	5	相应建筑物级别
		机电设备安装工程	级	1、2	3、4	5	相应建筑物级别
6	发电工程		10^4kW	≥30	30～1	<1	装机容量
		主要建筑物工程（包括大坝、隧洞、溢洪道、电站厂房、船闸等）	级	1、2	3、4	5	建筑物级别
		次要建筑物工程	级		3、4	5	建筑物级别
		临时建筑物工程	级		3、4	5	建筑物级别
		基础处理工程	级	1、2	3、4	5	相应建筑物级别
		金属结构制作与安装工程	级	1、2	3、4	5	相应建筑物级别
		机电设备安装工程	级	1、2	3、4	5	相应建筑物级别
7	拦河水闸工程		m^3/s	≥1000	1000～20	<20	过闸流量
		主要建筑物工程	级	1、2	3、4	5	建筑物级别
		次要建筑物工程	级		3、4	5	建筑物级别
		临时建筑物工程	级		3、4	5	建筑物级别
		基础处理工程	级	1、2	3、4	5	相应建筑物级别
		金属结构制作与安装工程	级	1、2	3、4	5	相应建筑物级别
		机电设备安装工程	级	1、2	3、4	5	相应建筑物级别

序号	工程类别	项目名称	单位	规模 大型	规模 中型	规模 小型	备注
8	引水枢纽工程		m³/s	≥50	50～2	<2	引水流量
		主要建筑物工程	级	1、2	3、4	5	建筑物级别
		次要建筑物工程	级		3、4	5	建筑物级别
		临时建筑物工程	级		3、4	5	建筑物级别
		基础处理工程	级	1、2	3、4	5	相应建筑物级别
		金属结构制作与安装工程	级	1、2	3、4	5	相应建筑物级别
		机电设备安装工程	级	1、2	3、4	5	相应建筑物级别
9	泵站工程（提水枢纽工程）		m³/s	≥50	50～2	<2	装机流量
			10⁴kW	≥1	1～0.01	<0.01	装机功率
		主要建筑物工程	级	1、2	3、4	5	建筑物级别
		次要建筑物工程	级		3、4	5	建筑物级别
		临时建筑物工程	级		3、4	5	建筑物级别
		基础处理工程	级	1、2	3、4	5	相应建筑物级别
		金属结构制作与安装工程	级	1、2	3、4	5	相应建筑物级别
		机电设备安装工程	级	1、2	3、4	5	相应建筑物级别
10	堤防工程		[重现期（年）]	≥50	50～20	<20	防洪标准
		堤基处理及防渗工程	级	1、2	3、4	5	堤防级别
		堤身填筑（含戗台、压渗平台）及护坡工程	级	1、2	3、4	5	堤防级别
		交叉、连接建筑物工程（含金属结构与机电设备安装）	级	1、2	3、4	5	堤防级别
		填塘固基工程	级		1、2、3	4、5	堤防级别
		堤顶道路（含坡道）工程	级		1、2、3	4、5	堤防级别
		堤岸防护工程	级		1、2、3	4、5	堤防级别
11	灌溉渠道或排水沟		m³/s	≥300	300～20	<20	灌溉流量
			m³/s	≥500	500～50	<50	排水流量
			级	1	2、3	4、5	工程级别
12	灌排建筑物		m³/s	≥100	100～5	<5	过水流量
		永久建筑物工程	级	1、2	3、4	5	建筑物级别
		临时建筑物工程	级		3、4	5	建筑物级别
		基础处理工程	级	1、2	3、4	5	相应建筑物级别

序号	工程类别	项目名称	单位	规模			备注
				大型	中型	小型	
12	灌排建筑物	金属结构制作与安装工程	级	1、2	3、4	5	相应建筑物级别
		机电设备安装工程	级	1、2	3、4	5	相应建筑物级别
13	农村饮水工程		万元	≥3000	3000～200	<200	单项合同额
14	河湖整治工程（含疏浚、吹填工程等）		万元	≥3000	3000～200	<200	单项合同额
15	水土保持工程（含防浪林）		万元	≥3000	3000～200	<200	单项合同额
16	环境保护工程		万元	≥3000	3000～200	<200	单项合同额
17	其他	其他强制要求招标的项目或上述小型工程项目	万元	≥3000	3000～200	<200	单项合同额

注：1. 大中型工程项目负责人必须由本专业注册建造师担任，其中大型工程项目负责人必须由本专业一级注册建造师担任；
　　2. 对综合利用的水利水电工程，当各综合利用项目的分等（级）指标对应的规模不同时，应按最高规模确定；
　　3. 水利水电工程包含的通航、过木（竹）、桥梁、公路、港口和渔业等建筑物，注册建造师执业工程规模标准应参照本表中相关工程类别确定。

注册建造师执业工程规模标准与水利水电工程分等指标的关系

工程类别	分等指标中的工程规模	执业工程规模
（1）水库工程（蓄水枢纽工程）	大（1）型	大型
	大（2）型	
	中型	中型
	小（1）型	
	小（2）型	
	小（2）型以下	小型
（2）防洪工程	大（1）型	大型
	大（2）型	
	中型	中型
	小（1）型	
	小（2）型	小型

注：1. 堤防工程不分等别，因此其执业工程规模标准根据其级别来确定。
　　2. 农村饮水工程、河湖整治工程、水土保持工程、环境保护工程及其他等5类工程的规模标准以投资额划分。

考点 2　二级建造师（水利水电工程）注册执业工程范围

水利水电工程注册建造师执业工程范围

注册专业	工程范围
水利水电工程	水利水电、土石方、地基与基础、预拌商品混凝土、混凝土预制构件、钢结构、建筑防水、消防设施、起重设备安装、爆破与拆除、水工建筑物基础处理、水利水电金属结构制作与安装、水利水电机电设备安装、河湖整治、堤防、水工大坝、水工隧洞、送变电、管道、无损检测、特种专业

关于工程范围的说明

各注册专业工程范围的划分是以《建筑业企业资质等级标准》中专业承包企业的 60 个专业为基础的。住房和城乡建设部《建筑业企业资质管理规定实施意见》明确《建筑业企业资质等级标准》中涉及水利方面的资质包括：水利水电工程施工总承包（水利专业）企业资质；水工建筑物基础处理工程专业、水工金属结构制作与安装工程专业、河湖整治工程专业、堤防工程专业、水利水电机电设备安装工程专业（水利专业）、水工大坝工程专业、水工隧洞工程专业等 7 个专业承包企业资质。

涉及多个专业部门的资质包括：钢结构工程专业承包企业资质、桥梁工程专业承包企业资质、隧道工程专业承包企业资质、核工程专业承包企业资质、海洋石油专业承包企业资质、爆破与拆除工程专业承包企业资质。其中，钢结构工程和爆破与拆除工程两个专业亦纳入水利水电工程专业。

考点 3　二级建造师（水利水电工程）施工管理签章文件目录

水利水电工程注册建造师施工管理签章文件

工程类别	文件类别	文件名称
水库工程（蓄水枢纽工程）	施工组织文件	施工组织设计报审表
		现场组织机构及主要人员报审表
	进度管理文件	施工进度计划报审表
		暂停施工申请表
		复工申请表
		施工进度计划调整报审表
		延长工程报审表
	合同管理文件	合同项目开工申请表
		合同项目开工令
		变更申请表
		变更项目价格签认单
		费用索赔签认单
		报告单
		回复单
		施工月报

工程类别	文件类别	文件名称
水库工程（蓄水枢纽工程）	合同管理文件	整改通知单
		施工分包报审表
		索赔意向通知单
		索赔通知单
	质量管理文件	施工技术方案报审表
		联合测量通知单
		施工质量缺陷处理措施报审表
		质量缺陷备案表
		单位工程施工质量评定表
	安全及环保管理文件	施工安全措施文件报审表
		事故报告单
		施工环境保护措施文件报审表
	成本费用管理	工程预付款申请表
		工程材料预付款申请表
		工程价款月支付申请表
		完工/最终付款申请表
	验收管理文件	验收申请报告
		法人验收质量结论
		施工管理工作报告
		代表施工单位参加工程验收人员名单确认表

下篇　考　点　归　纳

一、分　类

1. 土石坝的类型

序号	划分标准	类型
1	按坝高分类	低坝：高度在 30m 以下。 中坝：高度在 30（含 30m）～70m（含 70m）之间。 高坝：高度超过 70m
2	按施工方法分类	（1）碾压式土石坝。又可分为：均质坝、土质防渗体分区坝、非土质材料防渗体坝。 （2）水力冲填坝。 （3）定向爆破堆石坝

2. 重力坝的类型

序号	划分标准	类型
1	按坝高分	高坝：坝高大于 70m；中坝：30～70m；低坝：小于 30m
2	按筑坝材料分	混凝土重力坝；浆砌石重力坝
3	按泄水条件分	溢流重力坝；非溢流重力坝段
4	按坝体结构分	实体重力坝；空腹重力坝；宽缝重力坝
5	按施工方法分	浇筑混凝土重力坝；碾压混凝土重力坝

3. 水闸的类型

（1）水闸按其所承担的任务分为进水闸、节制闸、泄水闸、排水闸、挡潮闸等。

（2）水闸按闸室结构形式分为开敞式水闸和涵洞式水闸。

4. 橡胶坝的类型

橡胶坝分袋式、帆式及钢柔混合结构式三种坝型，比较常用的是袋式坝型。

坝袋按充胀介质可分为充水式、充气式和气水混合式；按锚固方式可分锚固坝和无锚固坝，锚固坝又分单线锚固和双线锚固等。

5. 水泵的分类

序号	按其作用原理划分	类型
1	叶片泵	也称动力泵，这种泵是连续地给液体施加能量，如离心泵、混流泵、轴流泵等
2	容积泵	是通过封闭而充满液体容积的周期性变化，不连续地给液体施加能量，如活塞泵、齿轮泵、螺杆泵等
3	其他类型泵	是指除叶片泵和容积泵以外的泵，一般是指利用液体能量的转化被输送液体的能量的一类泵，如射流泵、水锤泵、电磁泵等

6. 引水建筑物的类型

序号	类型	内容
1	动力渠道	非自动调节渠道渠顶与渠底基本平行，不能调节流量。 自动调节渠道渠顶是水平的，能调节流量，但工程量较大，一般用于引水渠较短的情况

序号	类型	内容
2	引水隧洞	分为有压引水隧洞和无压引水隧洞两种。引水隧洞转弯时弯曲半径一般大于5倍洞径，转角不宜大于60°，以使水流平顺，减小水头损失
3	压力管道	压力管道分为钢管、钢筋混凝土管和钢衬钢筋混凝土管三种

7. 水利水电工程等级划分

对于我国不同地区、不同条件下建设的防洪、灌溉、发电、供水和治涝等水利水电工程等别，根据其工程规模、效益和在经济社会中的重要性，划分为Ⅰ、Ⅱ、Ⅲ、Ⅳ、Ⅴ五等。

8. 边坡变形破坏的类型

工程常见的边坡变形破坏主要有松弛张裂、蠕动变形、崩塌、滑坡四种类型。

9. 测量误差的分类

序号	类型	内容
1	系统误差	主要是由于使用仪器的不完善及外界条件的变化所产生。可以通过改正以及提高使用者的鉴别能力尽可能全部或部分消除
2	偶然误差	主要是由于人的感觉器官和仪器的性能受到一定的限制，以及外部条件的影响造成
3	粗差	由于观测者粗心或者受到干扰造成的错误

10. 建筑材料的分类

序号	分类标准	类型		内容
1	按材料的化学成分分类	无机材料	金属材料	黑色金属，如合金钢、碳钢、铁等。有色金属，如铝、锌等及其合金
			非金属材料	天然石材、烧土制品、玻璃及其制品、水泥、石灰、混凝土、砂浆等
		有机材料	植物材料	木材、竹材、植物纤维及其制品等
			合成高分子材料	塑料、涂料、胶粘剂等
			沥青材料	石油沥青及煤沥青、沥青制品
		复合材料	无机非金属材料与有机材料复合	玻璃纤维增强塑料、聚合物混凝土、沥青混凝土、水泥刨花板等
			金属材料与非金属材料复合	钢筋混凝土、钢丝网混凝土、塑铝混凝土等
			其他复合材料	水泥石棉制品、不锈钢包覆钢板、人造大理石、人造花岗岩等
2	按其材料来源分类	天然建筑材料		土料、砂石料、木材等
		人工材料		石灰、水泥、金属材料、土工合成材料、高分子聚合物等

序号	分类标准	类型	内容
3	按材料功能用途分类	结构材料	混凝土、型钢、木材等
		防水材料	防水砂浆、防水混凝土、紫铜止水片、膨胀水泥防水混凝土等
		胶凝材料	石膏、石灰、水玻璃、水泥、沥青等
		装饰材料	天然石材、建筑陶瓷制品、装饰玻璃制品、装饰砂浆、装饰水泥、塑料制品等
		防护材料	钢材覆面、码头护木等
		隔热保温材料	石棉板、矿渣棉、泡沫混凝土、泡沫玻璃、纤维板等

11. 钢筋的分类

序号	划分标准	类型
1	按化学成分	（1）碳素结构钢。低碳钢（含碳量小于 0.25%）；中碳钢（含碳量 0.25%～0.60%）；高碳钢（含碳量 0.60%～1.40%）。 （2）普通低合金钢（合金元素总含量小于 5%）
2	按生产加工工艺分	可分为热轧钢筋、热处理钢筋、冷拉钢筋和冷轧钢筋四类
3	按轧制外形分	可分为光圆钢筋、带肋钢筋、冷轧扭钢筋、钢丝及钢绞线
4	按力学性能分	有物理屈服点的钢筋：包括热轧钢筋和冷拉热轧钢筋。 无物理屈服点的钢筋：包括钢丝和热处理钢筋

12. 土工合成材料的分类

序号	土工合成材料	应用
1	土工织物（土工布）	由聚合物纤维制成的透水性土工合成材料
2	土工膜	是透水性极低的土工合成材料
3	土工复合材料	是为满足工程特定需要把两种或两种以上的土工合成材料组合在一起的制品。如复合土工膜、塑料排水带、软式排水管
4	土工特种材料	是为工程特定需要而生产的产品。常见的有以下几种： （1）土工格栅。在聚丙烯或高密度聚乙烯板材上先冲孔，然后进行拉伸而成的带长方形孔的板材。强度高、延伸率低，是加筋的好材料。 （2）土工网。常用于坡面防护、植草、软基加固垫层和用于制造复合排水材料。 （3）土工模袋。适用于护坡。 （4）土工格室。可用于处理软弱地基，增大其承载力；沙漠地带可用于固沙；也可用于护坡等。 （5）土工管、土工包。可用于护岸、崩岸抢险和堆筑堤防。 （6）土工合成材料黏土垫层。用于水利或土木工程中的防渗或密封设计

13. 围堰的类型

序号	类型	内容
1	土石围堰	土石围堰由土石填筑而成，多用作上下游横向围堰。它能充分利用当地材料，对基础适应性强，施工工艺简单

序号	类型	内容
2	混凝土围堰	混凝土围堰的特点是挡水水头高，底宽小，抗冲能力大，堰顶可溢流
3	钢板桩格形围堰	钢板桩格形围堰是由一系列彼此相连的格体形成外壳，然后在内填以土料或砂料构成。 装配式钢板桩格型围堰适用于在岩石地基或混凝土基座上建造，其最大挡水水头不宜大于 30m；打入式钢板桩围堰适用于细砂砾石层地基，其最大挡水水头不宜大于 20m
4	草土围堰	草土围堰是指先铺一层草捆，然后铺一层土的草与土混合结构，断面一般为矩形或边坡较陡的梯形
5	袋装土围堰	袋装土围堰是指用土工合成材料编织成一定规格的袋子，用泥浆泵充填沙性土，垒砌后经泌水密实成型的土方工程。在河堤的抢险、围海工程中也较常使用

14. 岩石的分类

序号	划分标准	内容
1	按形成条件分类	（1）火成岩又称岩浆岩，是由岩浆侵入地壳上部或喷出地表凝固而成的岩石，主要包括花岗岩、闪长岩、辉长岩、辉绿岩、玄武岩等。 （2）水成岩主要包括石灰岩和砂岩。 （3）变质岩主要有片麻岩、大理岩和石英岩
2	岩石的分级	岩石根据坚固系数的大小分级，前 10 级（Ⅴ～ⅩⅣ）的坚固系数在 1.5～20 之间，除Ⅴ级的坚固系数在 1.5～2.0 之间外，其余以 2 为级差。坚固系数在 20～25 之间，为ⅩⅤ级；坚固系数在 25 以上，为ⅩⅥ级

15. 水利水电工程机电设备的种类

序号	项目	内容
1	水泵机组类型	水泵机组包括水泵、动力机和传动设备。它是泵站工程的主要设备，又称主机组。 水泵按工作原理分主要有叶片泵、容积泵和其他类型泵。 水泵按泵轴安装形式分为卧式、立式和斜式。 水泵按电机是否能在水下运行分为常规泵机组和潜水泵机组等
2	水轮机类型	水轮机按水流能量的转换特征分为反击式和冲击式。反击式水轮机按转轮区内水流相对于主轴流动方向的不同分为混流式、轴流式、斜流式和贯流式。冲击式水轮机按射流冲击转轮的方向不同分为水斗式、斜击式和双击式

16. 高处作业的种类

高处作业的种类分为一般高处作业和特殊高处作业两种。其中特殊高处作业又分为以下几个类别：强风高处作业、异温高处作业、雪天高处作业、雨天高处作业、夜间高处作业、带电高处作业、悬空高处作业、抢救高处作业。一般高处作业系指特殊高处作业以外的高处作业。

17. 重大危险源分类

重大危险源划分为一级重大危险源、二级重大危险源、三级重大危险源以及四级重大危险源这四级。

18. 生产安全事故分类

事故等级 损失内容	特别重大事故	重大事故	较大事故	一般事故
死亡	30（含本数，下同） 人以上	10 人以上 30 人以下	3 人以上 10 人以下	3 人以下
或者重伤（包括急性 工业中毒，下同）	100 人以上	50 人以上 100 人以下	10 人以上 50 人以下	3 人以上 10 人以下
或者直接经济损失	1 亿元以上	5000 万元以上 1 亿元以下	1000 万元以上 5000 万元以下	100 万元以上 1000 万元以下

19. 水利水电工程验收分类

根据《水利水电建设工程验收规程》SL 223—2008，水利水电建设工程验收按验收主持单位可分为法人验收和政府验收。法人验收应包括分部工程验收、单位工程验收、水电站（泵站）中间机组启动验收、合同工程完工验收等；政府验收应包括阶段验收、专项验收、竣工验收等。

20. 小水电工程验收的分类

序号	划分原则	内容
1	按工程项目划分及验收流程划分	分为分部工程验收、单位工程验收、合同工程完工验收、阶段验收（含机组启动验收）、专项验收和竣工验收
2	按验收主持单位划分	分为法人验收和政府验收。法人验收应包括分部工程验收、单位工程验收、合同工程完工验收及中间机组启动验收等；政府验收应包括阶段验收（含首末台机组启动验收）、专项验收、竣工验收等

21. 工程变更分类

工程变更依据其性质与对工程项目的影响程度，分为重大工程变更、较大工程变更、一般工程变更、常规设计变更四类。

二、原　　则

1. 导流底孔布置原则

（1）宜布置在近河道主流位置。

（2）宜与永久泄水建筑物结合布置。

（3）坝内导流底孔宽度不宜超过该坝段宽度的一半，并宜骑缝布置。

（4）应考虑下闸和封堵施工方便。

2. 管涌抢护原则

抢护管涌险情的原则是制止涌水带砂，但留有渗水出路。

3. 确定龙口宽度及位置原则

（1）截流龙口位置宜设于河床水深较浅、河床覆盖层较薄或基岩裸露部位。

（2）应考虑进占堤头稳定及河床冲刷因素，保证预进占段裹头不发生冲刷破坏。

(3) 龙口工程量小。

(4) 龙口预进占戗堤布置应便于施工。

4. 钢筋代换原则

(1) 当构件按最小配筋率配筋时，可按钢筋的面积相等的原则进行代换。

(2) 当钢筋受裂缝开展宽度或挠度控制时，代换后还应进行裂缝或挠度验算。

5. 施工分区规划布置原则

(1) 应按对外交通运输方案，拟定场内、外交通连接方式，拟定车站、码头和各施工区的位置，并确定场内永久交通主干线走向。

(2) 应根据建筑物布置、施工导流特点和当地建筑材料产地，以及工程主要土石方和混凝土运输流向，结合场地分布情况拟定场内主要交通干线。

(3) 以混凝土建筑物为主的枢纽工程，施工区布置宜以砂、石料的开采、加工和混凝土的拌合、浇筑系统为主；以当地材料坝为主的枢纽工程，施工区布置宜以土石料采挖和加工、堆料场和上坝运输线路为主。

(4) 机电设备、金属结构安装场地宜靠近主要安装地点。

(5) 工程建设管理区宜结合生产运行和工程建设管理需要统筹规划，场地应具有良好的外部环境，且交通方便，避免施工干扰。

(6) 主要物资仓库、站场等储运系统宜布置在场内外交通衔接处。外来物资的转运站远离施工区时，应按独立系统设置仓库、堆场、道路、管理及生活设施。

(7) 施工管理及生活营区的布置应考虑风向、日照、噪声、水源水质等因素，其生活设施与生产设施之间应有明显的界限。

(8) 施工分区规划布置考虑施工活动对周围环境的影响，避免噪声、粉尘等污染对敏感区（如学校、住宅区等）的危害。

(9) 火工材料、油料等特种材料仓库布置应符合国家有关安全标准的规定。

(10) 施工工厂、站场和仓库的建筑标准应满足生产工艺流程、技术要求及有关安全规定，宜采用定型化、标准化和装配式结构。

6. 变更的估价原则

除专用合同条款另有约定外，因变更引起的价格调整按照下列约定处理：

(1) 已标价工程量清单中有适用于变更工作的子目的，采用该子目的单价。

(2) 已标价工程量清单中无适用于变更工作的子目，但有类似子目的，可在合理范围内参照类似子目的单价，由监理人按合同相关条款商定或确定变更工作的单价。

(3) 已标价工程量清单中无适用或类似子目的单价，可按照成本加利润的原则，由监理人商定或确定变更工作的单价。

7. 水利水电工程项目项目划分的原则

(1) 水利水电工程质量检验与评定应当进行项目划分。项目按级划分为单位工程、分部工程、单元（工序）工程等三级。

(2) 水利水电工程项目划分应结合工程结构特点、施工部署及施工合同要求进行，划分结果应有利于保证施工质量以及施工质量管理。

(3) 单位工程项目划分原则

① 枢纽工程，一般以每座独立的建筑物为一个单位工程。当工程规模大时，可将一

个建筑物中具有独立施工条件的一部分划分为一个单位工程。

② 堤防工程，按招标标段或工程结构划分单位工程。可将规模较大的交叉联结建筑物及管理设施以每座独立的建筑物划分为一个单位工程。

③ 引水（渠道）工程，按招标标段或工程结构划分单位工程。可将大、中型（渠道）建筑物以每座独立的建筑物划分为一个单位工程。

④ 除险加固工程，按招标标段或加固内容，并结合工程量划分单位工程。

（4）分部工程项目划分原则

① 枢纽工程，土建部分按设计的主要组成部分划分；金属结构及启闭机安装工程和机电设备安装工程按组合功能划分。

② 堤防工程，按长度或功能划分。

③ 引水（渠道）工程中的河（渠）道按施工部署或长度划分；大、中型建筑物按工程结构主要组成部分划分。

④ 除险加固工程，按加固内容或部位划分。

⑤ 同一单位工程中，各个分部工程的工程量（或投资）不宜相差太大，每个单位工程中的分部工程数目，不宜少于 5 个。

（5）单元工程项目划分原则

① 按《水利建设工程单元工程施工质量验收评定标准》（简称《单元工程评定标准》）规定进行划分。

② 河（渠）道开挖、填筑及衬砌单元工程划分界限宜设在变形缝或结构缝处，长度一般不大于 100m。同一分部工程中各单元工程的工程量（或投资）不宜相差太大。

③《单元工程评定标准》中未涉及的单元工程可依据工程结构、施工部署或质量考核要求，按层、块、段进行划分。

8. 应急管理工作原则

（1）以人为本，安全第一。

（2）属地为主，部门协调。

（3）分工负责，协同应对。

（4）专业指导，技术支撑。

（5）预防为主，平战结合。

三、方 法

1. 施工放样方法

序号	项目	内容
1	平面位置放样方法	极坐标法、轴线交会法、两点角度前方交会法、测角侧方交会法、单三角形法、测角后方交会法、三点测角前方交会法、测边交会法、边角交会法等
2	高程放样方法	水准测量法、光电测距三角高程法、GPS—RTK 高程测量法等。对于高程放样中误差应不大于 10mm 的部位，应采用水准测量法

2. 施工导流方法

序号	导流方法		适用条件
1	分期围堰法导流	束窄河床导流	通常用于分期导流的前期阶段，特别是一期导流
		通过已完建或未完建的永久建筑物导流	通过建筑物导流的主要方式包括设置在混凝土坝体中的底孔导流，混凝土坝体上预留缺口导流、梳齿孔导流，平原河道上的低水头河床式径流电站可采用厂房导流，个别高、中水头坝后式厂房，通过厂房导流等。这种方式多用于分期导流的后期阶段
2	一次拦断河床围堰导流		一般适用于枯水期流量不大且河道狭窄的河流

3. 管涌险情的抢护方法

序号	方法	内容
1	反滤围井	（1）砂石反滤围井（最常见形式）。 （2）土工织物反滤围井。 （3）梢料反滤围井
2	反滤层压盖	在堰内出现大面积管涌或管涌群时，如果料源充足，可采用反滤层压盖的方法，以降低涌水流速，制止地基泥砂流失，稳定险情

4. 抛投块料截流方法

序号	方法	内容
1	平堵	先在龙口建造浮桥或栈桥，由自卸汽车或其他运输工具运来抛投料，沿龙口前沿投抛。先下小料，随着流速增加，逐渐抛投大块料，使堆筑戗堤均匀地在水下上升，直至高出水面，截断河床
2	立堵	用自卸汽车或其他运输工具运来抛投料，以端进法抛投（从龙口两端或一端下料）进占戗堤，逐渐束窄龙口，直至全部拦断
3	混合堵	用得比较多的是首先从龙口两端下料，保护戗堤头部，同时施工护底工程并抬高龙口底槛高程到一定高度，最后用立堵截断河流

5. 土方开挖的方法

序号	开挖方法	挖掘机械		内容
1	机械开挖	挖掘机	单斗挖掘机	（1）正铲挖掘机。 适用于Ⅰ～Ⅳ类土及爆破石渣的挖掘。 特点：向前向上，强制切土。 （2）反铲挖掘机。 适用于Ⅰ～Ⅲ类土。多用于开挖深度不大的基槽和水下石渣。 特点：向后向下、强制切土。 （3）索铲挖掘机。多用于开挖深度较大的基槽，沟渠和水下土石。 （4）抓铲挖掘机。常用于开挖土质比较松软（Ⅰ～Ⅱ类土）、施工面狭窄而深的集水井、深井及挖掘深水中的物料，其挖掘深度可达30m以上

序号	开挖方法	挖掘机械		内容
1	机械开挖	挖掘机	多斗挖掘机	挖掘能力小，不能挖掘硬土、岩石或冻土；只能挖掘不夹杂大块（尺寸大于斗宽的 0.2 倍）的Ⅰ～Ⅲ级土壤，或十分均匀而没有夹杂物的Ⅳ级土壤。同时连续作业式挖掘机是专用性机器，通用性差
		推土机		一种在拖拉机上安装有推土工作装置（推土铲）的常用的土方工程机械。 宜用于 100m 以内运距、Ⅰ～Ⅲ类土的挖运，但挖深不宜大于 1.5～2.0m，填高不宜大于 2～3m
		铲运机	适用情况	铲运机是利用装在轮轴之间的铲运斗，在行驶中顺序进行铲削、装载、运输和铺卸土作业的铲土运输机械。它适用于Ⅳ级以下的土壤工作，要求作业地区的土壤不含树根、大石块和过多的杂草。链板装载式铲运机适用范围较大，除可装普通土壤外，还可装载砂、砂砾石和小的石渣、卵石等物料
			分类	（1）按行走方式，分为拖式和自行式两种。 （2）按操纵方式，分为液压操纵和机械操纵两种。 （3）按铲运机的卸土方式，分为强制式、半强制式和自由式三种。 （4）按铲运机的装载方式，分为普通式和链板式两种。 （5）按铲斗容量可分为小、中、大三种。铲斗少于 6m³ 为小型；6～15m³ 为中型；15m³ 以上为大型
		装载机		装载机按行走装置分为轮式和履带式两种。 按卸载方式可分为前卸式、后卸式、侧卸式和回转式四种。 按额定载重量可分为小型（＜1t）、轻型（1～3t）、中型（4～8t）、重型（＞10t）四种
2	人工开挖			施工时，应先开挖排水沟，再分层下挖。临近设计高程时，应留出 0.2～0.3m 的保护层暂不开挖，待上部结构施工时，再予以挖除

6. 爆破方法

爆破方法
- 浅孔爆破法
- 深孔爆破法
- 洞室爆破法
- 预裂爆破法
- 光面爆破法

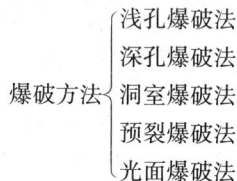

7. 地基处理的基本方法

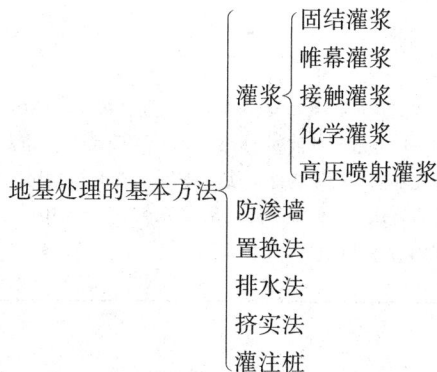

地基处理的基本方法
- 灌浆
  - 固结灌浆
  - 帷幕灌浆
  - 接触灌浆
  - 化学灌浆
  - 高压喷射灌浆
- 防渗墙
- 置换法
- 排水法
- 挤实法
- 灌注桩

8. 混凝土拌合方法

混凝土拌合必须按照试验部门签发并经审核的混凝土配料单进行配料，严禁擅自更改。方法包括一次投料法、二次投料法、水泥裹砂法。二次投料法分为预拌水泥砂浆及预拌水泥净浆法。

9. 混凝土表层加固、裂缝修补、结构失稳加固的方法

混凝土表层加固方法	裂缝修补方法	结构失稳加固方法
水泥砂浆修补法 预缩砂浆修补法 喷浆修补法 喷混凝土修补法 钢纤维喷射混凝土修补法 压浆混凝土修补法 环氧材料修补法	（1）龟裂缝或开度小于 0.5mm 的裂缝，可用表面涂抹环氧砂浆或表面贴条状砂浆，有些缝可以表面凿槽嵌补或喷浆处理。 （2）渗漏裂缝，可视情节轻重在渗水出口处进行表面凿槽嵌补水泥砂浆或环氧材料，有些需要进行钻孔灌浆处理。 （3）沉降缝和温度缝的处理，可用环氧砂浆贴橡皮等柔性材料修补，也可用钻孔灌浆或表面凿槽嵌补沥青砂浆或者环氧砂浆等方法。 （4）施工（冷）缝，一般采用钻孔灌浆处理，也可采用喷浆或表面凿槽嵌补	外粘钢板加固法 粘贴纤维复合材加固法 植筋（锚栓）技术

10. 闸门预埋件安装方法

序号	方法	内容
1	预留二期混凝土的安装方法	在建筑物大体积混凝土中，在安装闸门工作轨道、支承铰和预埋件的位置预留二期混凝土块，暂不浇筑混凝土，用于下一步在此处装配预埋件。在一期混凝土中，为固定预埋件，常将它的钢筋外露。二期混凝土块的尺寸应保证预埋件装配、调整和固定等施工正常进行，同时还要保证能完成焊接施工和二期混凝土的浇筑。 浇筑二期混凝土时，应采用较细集料混凝土，并细心捣固，不要振动已装好的金属构件。门槽较高时，不要直接从高处下料，可以分段安装和浇筑。二期混凝土拆模后，应对埋件进行复测，并作好记录，同时检查混凝土表面尺寸，清除遗留的杂物、钢筋头，以免影响闸门启闭
2	不设二期混凝土的安装方法	在已完成的建筑物上安装预埋件，预埋件被牢固地固定在设计位置，同时装有闸墩钢筋，并且一次完成全部混凝土浇筑。为了使不设二期混凝土方法安装的预埋件整体刚度较好，要预先加固门槽结构件，使之具有一定的空间刚度。不设二期混凝土安装预埋件的另一种方法是将该预埋件临时固定预装在闸门上。当闸门在设计位置装配和定位后，把预埋件固定在闸门上并浇筑混凝土

11. 竣工审计方法

审计方法应包括详查法、抽查法、核对法、调查法、分析法、其他方法等。其中其他

方法包括：

(1) 按照审查书面资料的技术，可分为审阅法、复算法、比较法等。

(2) 按照审查资料的顺序，可分为逆查法和顺查法等。

(3) 实物核对的方法，可分为盘点法、调节法和鉴定法等。

四、程　序

1. 一次拦断河床围堰导流程序

根据施工期挡、泄水建筑物的不同，一次拦断河床围堰导流程序可分为初期、中期和后期导流三个阶段。

2. 固结灌浆施工程序

固结灌浆施工程序：钻孔→压水试验→灌浆（分序施工）→封孔→质量检查。

3. 槽孔型防渗墙施工程序

槽孔型防渗墙的施工程序：平整场地→挖导槽→做导墙→安装挖槽机械设备→制备泥浆注入导槽→成槽→混凝土浇筑成墙。

4. 水利工程建设程序

水利工程建设程序一般分为：项目建议书、可行性研究报告、施工准备、初步设计、建设实施、生产准备、竣工验收、后评价等阶段，各阶段工作实际开展时间可以重叠。

5. 社会资本方选择程序

社会资本方选择程序：准备社会资本方遴选的相关法律文本→资格预审→确认谈判→签署水利PPP项目合同→项目执行。

6. 水工建筑物安全鉴定程序

水工建筑安全鉴定程序：安全评价→安全评价成果审查→安全鉴定报告书审定。

7. 蓄水安全鉴定工作程序

蓄水安全鉴定工作程序：工作大纲编制→自检报告编写→现场鉴定与鉴定报告编写→鉴定报告审定。

8. 建设成本分摊程序

具有防洪、发电、灌溉、供水等多种效益的项目，应将建设成本在效益之间分摊，为工程运行定价提供依据。宜采用枢纽指标系数分摊法，分摊程序如下：

(1) 按建设成本与工程效益的关系，确定专用投资、共用投资和间接投资。

(2) 依据设计文件或实际生产能力，计算工程效益之间的库容或用水比例。

(3) 按计算的比例在工程效益之间分摊共用投资。

(4) 按已归集的专业投资和共用投资比重分摊间接投资。

(5) 确定各工程效益的总成本和单位成本。

9. 竣工决算审计程序

程序	环节
审计准备阶段	包括审计立项、编制审计实施方案、送达审计通知书等环节
审计实施阶段	包括收集审计证据、编制审计工作底稿、征求意见等环节

程序	环节
审计报告阶段	包括出具审计报告、审计报告处理、下达审计结论等环节
审计终结阶段	包括整改落实和后续审计等环节

10. 投标报价编制程序

投标报价编制程序：研究招标文件→调查投标环境→制定施工方案→计算投标报价初步数据→确定投标策略→编制投标文件。

11. 水利工程施工招标程序（资格后审）

水利工程施工招标程序：招标报告备案→编制招标文件→发布招标信息→出售招标文件→组织踏勘现场和投标预备会（若组织）→招标文件澄清与修改（若有）→招标文件异议处理→组织开标→评标→确定中标人→提交招标投标情况的书面总结报告→发中标通知书→订立书面合同。

12. 施工投标的主要程序

施工投标的主要程序：编制投标文件→遵守投标有效期约束→交投标保证金→参加开标会→澄清和补正投标文件→评标公示期。

13. 开标程序

开标一般按以下程序进行：

（1）招标人在招标文件确定的时间停止接收投标文件，开始开标。

（2）宣布开标人员名单。

（3）确认投标人法定代表人或委托代理人是否在场。

（4）宣布投标文件开启顺序。

（5）依开标顺序，先检查投标文件密封是否完好，再启封投标文件。

（6）宣布投标要素，并作记录，同时由投标人法定代表人或委托代理人签字确认。

（7）对上述工作进行记录，存档备查。

14. 承包人提出索赔的程序

（1）承包人应在知道或应当知道索赔事件发生后 28d 内，向监理人递交索赔意向通知书，并说明发生索赔事件的事由。承包人未在前述 28d 内发出索赔意向通知书的，丧失要求追加付款和（或）延长工期的权利。

（2）承包人应在发出索赔意向通知书后 28d 内，向监理人正式递交索赔通知书。

（3）在索赔事件影响结束后的 28d 内，承包人应向监理人递交最终索赔通知书，说明最终要求索赔的追加付款金额和延长的工期，并附必要的记录和证明材料。

15. 承包人索赔处理的程序

（1）监理人收到承包人提交的索赔通知书后，应及时审查索赔通知书的内容、查验承包人的记录和证明材料，必要时监理人可要求承包人提交全部原始记录副本。

（2）监理人应商定或确定追加的付款和（或）延长的工期，并在收到上述索赔通知书或有关索赔的进一步证明材料后的 42d 内，将索赔处理结果答复承包人。

（3）承包人接受索赔处理结果的，发包人应在作出索赔处理结果答复后 28d 内完成赔付。

16. 水利工程质量事故调查分析处理程序

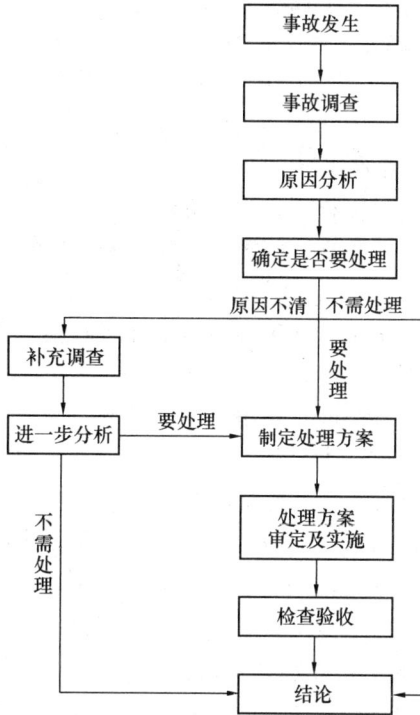

水利工程质量事故调查分析处理程序

17. 工序施工质量验收评定程序

（1）施工单位对已经完成的工序施工质量按本标准进行自检，并做好检验记录。

（2）施工单位自检合格后，应填写工序施工质量验收评定表，质量责任人履行相应签认手续后，向监理单位申请复核。

（3）监理单位收到申请后，应在 4h 内进行复核。

18. 单元工程施工质量验收评定程序

（1）施工单位对已经完成的单元工程施工质量进行自检，并填写检验记录。

（2）施工单位自检合格后，应填写单元工程施工质量验收评定表，向监理单位申请复核。

（3）监理单位收到申报后，应在 8h 内进行复核。

19. 单位工程验收程序

（1）听取工程参建单位工程建设有关情况的汇报。

（2）现场检查工程完成情况和工程质量。

（3）检查分部工程验收有关文件及相关档案资料。

（4）讨论并通过单位工程验收鉴定书。

20. 水利工程竣工验收程序

（1）项目法人组织进行竣工验收自查。

（2）项目法人提交竣工验收申请报告。

（3）竣工验收主持单位批复竣工验收申请报告。

（4）竣工验收技术鉴定（大型工程）。

（5）进行竣工技术预验收。

（6）召开竣工验收会议。

（7）印发竣工验收鉴定书。

21. 水利工程竣工技术预验收程序

（1）现场检查工程建设情况并查阅有关工程建设资料。

（2）听取项目法人、设计、监理、施工、质量和安全监督机构、运行管理等单位工作报告。

（3）听取竣工验收技术鉴定报告和工程质量抽样检测报告。

（4）专业工作组讨论并形成各专业工作组意见。

（5）讨论并通过竣工技术预验收工作报告。

（6）讨论并形成竣工验收鉴定书初稿。

22. 小型病险水库除险加固项目法人验收程序

小型病险水库除险加固项目法人验收程序：施工单位提出验收申请→项目法人（或监理单位）主持召开验收会议→项目法人将验收质量结论报质量监督机构核备或核定→项目法人印发验收鉴定书。

23. 小型病险水库除险加固项目政府验收程序

小型病险水库除险加固项目政府验收程序：项目法人提出验收申请→验收主持单位召开验收会议→印发验收鉴定书。

24. 小水电站工程竣工验收程序

小水电站工程竣工验收程序：项目法人组织进行竣工验收自查→项目法人提交竣工验收申请报告→竣工验收主持单位批复竣工验收申请报告→进行竣工技术预验收→召开竣工验收会议→印发竣工验收鉴定书。

五、计 算 公 式

1. 围堰堰顶高程的确定

序号	类型	公式
1	下游围堰的堰顶高程	$$H_d = h_d + h_a + \delta$$ 式中 H_d——下游围堰的堰顶高程（m）； h_d——下游水位高程（m）； h_a——波浪爬高（m）； δ——围堰的安全超高（m）
2	上游围堰的堰顶高程	$$H_u = h_d + z + h_a + \delta$$ 式中 H_u——上游围堰的堰顶高程（m）； z——上下游水位差（m） 其余符号同前

2. 双代号网络时间参数的计算

序号	方法	时间参数	计算方法
1	按工作计算法	计算工期	网络计划的计算工期应等于以网络计划终点节点为完成节点的工作的最早完成时间的最大值
		计划工期	在双代号网络计划中若未规定要求工期，则其计划工期等于计算工期
		总时差	工作的总时差（TF_{i-j}）等于该工作最迟完成时间（LF_{i-j}）与最早完成时间（EF_{i-j}）之差，或该工作最迟开始时间（LS_{i-j}）与最早开始时间（ES_{i-j}）之差，即：$$TF_{i-j}=LF_{i-j}-EF_{i-j}=LS_{i-j}-ES_{i-j}$$
		自由时差	对于有紧后工作的工作，其自由时差（FF_{i-j}）等于本工作之紧后工作最早开始时间（ES_{j-k}）减本工作最早完成时间（EF_{i-j}）所得之差的最小值，即：$$FF_{i-j}=Min\{ES_{j-k}-EF_{i-j}\}=Min\{ES_{j-k}-ES_{i-j}-D_{i-j}\}$$ 对于无紧后工作的工作，也就是以网络计划终点节点为完成节点的工作，其自由时差（FF_{i-n}）等于计划工期（T_p）与本工作最早完成时间（EF_{i-n}）之差，即：$$FF_{i-n}=T_p-EF_{i-n}=T_p-ES_{i-n}-D_{i-n}$$
		关键工作	在网络计划中，总时差最小的工作为关键工作。特别地，当网络计划的计划工期等于计算工期时，总时差为零的工作就是关键工作
		关键线路	找出关键工作之后，将这些关键工作首尾相连，便构成从起点节点到终点节点的通路，位于该通路上各项工作的持续时间总和最大，这条通路就是关键线路
2	按节点计算法	计算工期	网络计划的计算工期等于网络计划终点节点的最早时间
		计划工期	在双代号网络计划中若未规定要求工期，则其计划工期等于计算工期
		总时差	工作的总时差（TF_{i-j}）等于该工作完成节点的最迟时间（LT_j）减去该工作开始节点的最早时间（ET_i）所得差值再减其持续时间（D_{i-j}），即：$$TF_{i-j}=LF_{i-j}-EF_{i-j}$$ $$=LT_j-(ET_i+D_{i-j})$$ $$=LT_j-ET_i-D_{i-j}$$
		自由时差	工作的自由时差（FF_{i-j}）等于该工作完成节点的最早时间（ET_j）减去该工作开始节点的最早时间（ET_i）所得差值再减其持续时间（D_{i-j}），即：$$FF_{i-j}=Min\{ES_{j-k}-ES_{i-j}-D_{i-j}\}$$ $$=Min\{ES_{j-k}\}-ES_{i-j}-D_{i-j}$$ $$=Min\{ET_j\}-ET_i-D_{i-j}$$

3. 建筑工程单价计算

1		直接费	1）＋2）
1）		基本直接费	（1）＋（2）＋（3）
	（1）	人工费	Σ定额人工工时数×人工预算单价
	（2）	材料费	Σ定额材料用量×材料预算价格
	（3）	机械使用费	Σ定额机械台时用量×机械台时费

2)		其他直接费	-	1）×其他直接费率
2		间接费		1×间接费率
3		利润		（1+2）×利润率
4		材料补差		（材料预算价格－材料基价）×材料消耗量
5		税金		（1+2+3+4）×税率
6		工程单价		1+2+3+4+5

4. 偏差率的计算

$$偏差率 = \frac{投标人报价－评标基准价}{评标基准价} \times 100\%$$

5. 工程预付款的扣回

$$R = \frac{A}{(F_2 - F_1)S}(C - F_1 S)$$

式中　R——每次进度付款中累计扣回的金额；

　　　A——工程预付款总金额；

　　　S——签约合同价；

　　　C——合同累计完成金额；

　　　F_1——开始扣款时合同累计完成金额达到签约合同价的比例，一般取 20%；

　　　F_2——全部扣清时合同累计完成金额达到签约合同价的比例，一般取 80%～90%。

6. 价格调整

材料价格调整的具体方法为：

$$\Delta P = P_0 - \text{Max}(P_1, P_2)(1 \pm r\%)$$

式中　ΔP——材料价格调差额；

　　　P_0——施工当月上述指定造价信息来源对应的信息价；

　　　P_1——投标人对应投标材料价格；

　　　P_2——投标截止日前上述指定来源对应的最新信息价；

　　　r——风险幅度系数，物价波动在风险幅度范围（$-r\%$，$+r\%$）以内不进行价格调整；价格调增时取"＋"号，价格调减时取"－"号。

价格调整公式：

$$\Delta P = P_0 \left[A + \left(B_1 \times \frac{F_{t1}}{F_{01}} + B_2 \times \frac{F_{t2}}{F_{02}} + B_3 \times \frac{F_{t3}}{F_{03}} + \cdots + B_n \times \frac{F_{tn}}{F_{0n}} \right) - 1 \right]$$

式中　　　　ΔP——需调整的价格差额；

　　　　　　P_0——付款证书中承包人应得到的已完成工程量的金额；此项金额应不包括价格调整、不计质量保证金的扣留和支付、预付款的支付和扣回；变更及其他金额已按现行价格计价的，也不计在内；

　　　　　　A——定值权重（即不调部分的权重）；

B_1，B_2，B_3，…，B_n——各可调因子的变值权重（即可调部分的权重），为各可调因子在投标函投标总报价中所占的比例；

176

F_{t1}，F_{t2}，F_{t3}，$\cdots$，F_{tn}——各可调因子的现行价格指数，指付款证书相关周期最后一天的前42d的各可调因子的价格指数；

F_{01}，F_{02}，F_{03}，$\cdots$，F_{0n}——各可调因子的基本价格指数，指基准日期的各可调因子的价格指数。

六、俗 语 简 称

1. 碾压土石坝的施工作业

碾压土石坝的施工作业，包括准备作业、基本作业、辅助作业和附加作业。

（1）准备作业包括："一平四通"即平整场地、通车、通水、通电、通信，修建生产、生活福利、行政办公用房以及排水清基等项工作。

（2）基本作业包括：料场土石料开采，挖、装、运、卸以及坝面铺平、压实、质检等项作业。

（3）辅助作业是保证准备作业及基本作业顺利进行，创造良好工作条件的作业，包括消除施工场地及料场的覆盖层，从上坝土石料中剔除超径石块、杂物，坝面排水，层间刨毛和加水等。

（4）附加作业是保证坝体长期安全运行的防护及修整工作，包括坝坡修整、铺砌护面块石及铺植草皮等。

2. "三项"制度

水利工程项目建设实行项目法人责任制、招标投标制和建设监理制，简称"三项"制度。

3. 生产安全事故和质量事故"四不放过"原则

事故原因不查清楚不放过、主要事故责任者和职工未受到教育不放过、补救和防范措施不落实不放过、责任人员未受到处理不放过。

4. 三级安全教育

三级安全教育是指公司教育、项目部教育、班组教育。

5. 安全生产"三类人员"

企业主要负责人、项目负责人和专职安全生产管理人员统称为"安全生产管理三类人员"。